챗GPT가
제안하는
미래 자녀 교육

챗GPT가 제안하는 미래 자녀 교육

예측 불가능한 변화에 대처하는 부모와 아이들을 위한 전략

이두호, 챗GPT 지음

CYPRESS
싸이프레스

차례

ChatGPT

3 아이를 모르는 아빠: 미래 아빠 패치

4 아임 파인, 앤 유?

들어가며

제001호 명예 9단 알파고

"귀하는 평소 기도 연마에 정진하고 기사로서 인격 도야에 힘써 기품이 입신의 역에 이르렀으므로 9(九)단을 면허한다."

-재단법인 한국기원 총재 홍석현

2016년 3월, 세계의 이목이 한국의 기원(碁院)에 집중됐다. 구글 딥마인드(Google DeepMind)에서 개발한 인공지능 바둑 프로그램인 알파고(AlphaGo)가 '불패 소년'으로 불리는 당대 최고 기력(棋力)의 프로 바둑 기사 이세돌을 이겼기 때문이다. 국내외 언론들은 일제히 인공지능 앞에 인간은 허무하게 몰락하게 될 것이라는 기사를 쏟아 냈다.

2023년 3월, 세간의 화제인 챗GPT를 시작으로, 매일같이 나오는 생성형 인공지능(Generative AI) 서비스와 신기술의 등장에 인류는 다시 한번 충격과 혼란 속에 빠졌다. 챗GPT를 사용해 본 사람들은 인공지능이 일자리를 대체할 것이라는 우려가 현실로 드러났다고 입을 모았다. 심지어 기계가 손댈 수 없는 마지막 보루로 여겨지던 예술의 영역마저 생성형 AI가 만들어 낸 창작물 앞에 기대가 흔들리고 말았다.

공상과학영화를 보면서 언젠가 '신박'한 미래가 올 것이라고 예상했지만, '오늘'이 바로 상상 속의 미래 세상일 줄은 생각하지 못했다. 그야말로 '그날'이 도둑처럼 몰래 다가온 것이다. 이토록 혁신적이고 빠른 변화라면 앞으로 인간은 로봇의 배터리나 갈아 주고 페인트나 칠해 주는 처지가 되는 것은 아닐까 하는 씁쓸한 생각이 뇌리를 스쳤다.

갑작스러운 미래와의 대면에, 내 걱정보다 아이들에 대한 걱정이 커졌다. 게다가 일론 머스크를 포함한 세계적인 IT 기업가, 인류학자, 미래학자 등이 인공지능에 대한 안전장치를 갖추기 전까지 더 이상의 개발을 중단해야 한다고 주장하는 사건이 불안감을 더했다. 더욱이 일부 인사들은 서명이 조작되었거나 이에 참여하지 않았다는 사실이 영국의 〈가디언〉지를 통해 보도되어 혼란이 가중됐다. 과연 무엇을 믿어야 할까? [3월 22일, 미국의 비영리 연구소인 '삶의미래연구소(FLI)'는 1800명에 이르는 유력 인사들의 서명을 받아 GPT-4를 초월하는 AI 시스템 개발을 6개월 동안 중단할 것을 촉구하는 서한을 발표했다.]

과연 우리는 아이들에게 미래 세상을 제대로 가르치고, 잘 살아갈 수 있도록 도움을 줄 준비가 되어 있을까? 품 안의 자식이라 믿고 있는 엄마나, "놔두면 알아서 잘 큰다."라며 무심하던 아빠도 이제는 확신이 서지 않는다. 아이들에게 별도 달도 따다 주며 '황금길'을 열어 주고 싶었는데, 갑자기 맞닥뜨린 '하이테크'에 무방비 상태가 된 기분이다.

딱히 물어볼 양반이 없어서 신통하다는 챗GPT에게 질문을 던졌다. 당사자가 가장 잘 알지 않겠는가. 물론 인공지능이 자판기처럼 쉽게 해답을 내놓으리라 생각한 것은 아니다. 하지만 이세돌 9단을 이기고, 미국의 의사, 변호사 시험도 통과한 그가 아니겠는가. 무엇보다 셀 수 없는 책과 논문을 학습하고 수백억 개의 동시 연산이 가능한 거대 인공지능이 미래에 대해 어떤 답을 내놓을지가 궁금했다.

이 책은 전문적인 기술이나 트렌드를 일러 주는 글이 아니다. 교육 전문가나 IT 전문가의 입장에서 대단한 통찰력을 발휘해 미래 세상에 대한 지혜와 해법을 던지려 쓴 글은 더더욱 아니다.

갑자기 치앙마이에 살고 있는 자식들이 생각났다. 1년 반 동안 그곳에서 육아휴직을 보내며 나름의 양육 철학을 설계했다고 생각했는데, 마음이 요동친다. '지금은 뭐 하고 있을까? 그곳은 안녕한가?' 거기서도 인공지능이 화제인지, 선생님은 뭐라고 가르치는지. 미래는 미래에 맡기고 여전히 기타 치고 축구공을 차도 괜찮은 거겠지?

앞으로 어떤 일이 일어날지 궁금해져서, 인공지능 OS와의 사랑을 다룬 10년 전 영화 〈허(HER)〉를 다시 찾아 봤다. 키보드가 사라진 오피스, AI 비서가 맞이하는 집, 거실을 가득 메운 가상현실, 인공지능과 일상의 대화를 나누고 위로받는 사람들. OS 변화와 인공지능의 배신에 휘둘리는 사회. 정확히 오늘과 내일의 풍경을 그리고 있었다.

이 책은 '아무튼' 와 버린 변화 앞에 길을 잃은 동시대 부모들과 공유하고 싶은 '어쩌다' 교육 지침서다. 18개월 동안 치앙마이에서 아이들과 가까이 붙어 지내면서 고민했던 교육과 양육 방법, 진로, 부모의 역할에 대해 인공지능 챗GPT-4에게 물었다.

무수한 질문을 던지고 AI가 글을 쓰도록 했다. 때로 엉뚱한 대답에는 반론을 제기하며 되묻기도 하고, 그럴듯한 대답엔 구체적인 이유를 묻기도 했다. 챗GPT는 거침없이 답을 토해 냈다. 이 책의 원고를 완성하는 데는 불과 한 달이 채 걸리지 않았다. 게다가 그것의 통찰력과 해답은 예상보다 진지하고 놀라웠다.

최대한 수긍이 가는 이야기를 담으려고 노력했지만, 어디까지 인정할지는 여러분 판단에 달려 있다. 날카로운 눈으로 살펴봐 주시길 바란다.

갑작스러운 출간 제안에도 흔쾌히 응해 주신 싸이프레스 김영조 대표님과 멀리서 두 아이를 데리고 같은 고민을 하고 있을 아내에게 특별히 감사 말씀 전한다. 그리고 아이들에게는 이렇게 이야기해 주고 싶다.

"기대해! AI가 너희들에게 날개를 달아줄거야!"

2023년 5월

루다·로운 아빠

1

선생님,
AI녕하세요?

아이의 교실이 달라졌다

최근 몇 년간, 교육 분야는 인구 구조의 변화, 경제적·사회적 요인, 그리고 교육 가치관의 전환 등 여러 가지 이유로 크게 변화해 왔습니다. 특히 4차 산업혁명의 기술 발전은 학생들의 학습 접근 방식, 교사들의 교수법, 그리고 부모들의 양육 전략에 상당한 영향을 끼치고 있습니다.

디지털 러닝, 인공지능, 로봇, 빅데이터, 가상현실 등 에듀테크(Edu-Tech)의 도입은 교육 현장에서 가장 뚜렷한 변화로 인식되고 있습니다. AI 기반의 개인 맞춤 학습, 가상현실(VR) 및 증강현실(AR) 기반 교육 자료 등 새로운 기술들이 도입되면서 학습 방식과 내용에 대한 학부모들의 관심도 크게 증가하고 있습니다.

기술 도입에 따른 학교의 변화는 이제 막 시작된 것에 불과하며, 미래에는 더욱 발전된 기술들이 등장하고 교육 현장에서 활용도가 높아질 것입니다. 그러나 기술에 과도하게 의존하게 되면 학생들의 문제 해결 능력과 창의력 저하의 원인이 될 수도 있습니다. 따라서 기술 도입을 적극적으로 추진하면서도, 학생들이 미래를 선도하는 인재로 성장할 수 있도록 창의성과 문제 해결 능력을 함께 키우는 방안을 지속적으로 모색해야 할 것입니다.

요즘 아이들은 단순한 지식 습득 이상의 능력이 필요하게 되었습니다. 새로운 세상에 대한 적응력과 문제 해결 능력은 아주 중요한 역량 중 하나입니다. 특히 비대면 생활의 증가로 사회-정서적 학습(Social-Emotional Learning, SEL)의 중요성이 크게 부각되고 있습니다. 이를 통해 아이들은 인간관계에서 필요한 공감 능력, 협력, 의사소통 능력을 키울 수 있습니다.

학교는 SEL을 교육과정에 효과적으로 접목해 아이들의 감정 탄력성과 정서 지능을 발전시키는 데 많은 노력을 기울여야 합니다. 교실에서는 동료 학생들 간의 협력을 촉진하는 활동을 기획하고, 다양한 사회적 상황을 체험하며 문제 해결 능력을 나아지게 하는 기회를 제공해야 합니다. 또한 감정을 인식하고 관리하는 능력을 강화하기 위해 정서적 지원을 제공하고, 아이들이 서로의 감정을 이해하고 배려할 수 있는 환경을 조성하는 것이 중요합니다. 이를 통해 아이들은 미래 사회에서 요구되는 핵심 역량을 키울 수 있게 됩니다.

한편 학부모와 지역 커뮤니티의 역할도 점점 더 중요해지고 있습니다. 학교, 가정, 지역사회 간의 협력이 아이들에게 풍부한 학습 환경을 제공하는 데 필수 요소가 되었습니다. 또한 글로벌화와 문화적 다양성도 교육 변화를 촉진하는 중요한 요인 중 하나입니다. 이러한 변화들에 대응하기 위해서는 전통적인 교육 가치를 바탕으로 하는 동시에 혁신적인 방법과 기술에 적응하는 균형을 찾는 것이 중요한 과제가 될 것입니다.

우리도 이런 미래는 처음이라…

인공지능 기술의 발전으로 우리 사회는 혁명적인 미래를 맞이하게 될 것입니다. 이미 이 첨단 기술은 일상생활에 큰 영향을 주고 있으며, 앞으로도 다양한 분야에서 혁신적인 변화를 가져올 것입니다.

그러나 변화는 복잡하고 어려운 측면을 갖고 있습니다. 인공지능 기술이 일부 직업을 대체하거나 없애는 등의 부작용이 발생할 것입니다. 새로운 기술이 삶에 끼치는 영향을 신중히 고려하고 대응해야 합니다. 우리는 새로운 기술과 함께 일할 수 있는 역량을 키워야 합니다. 끊임없는 학습과 습득을 통해 능력을 키워 나가야 합니다.

교육 분야에서도 챗GPT와 같은 AI 기술이 활용되고 있지만, 그 활용과 한계에 대한 논의가 계속되고 있습니다. 인공지능 도구가 학생들에게 부정적인 결과를 가져올지 모른다는 우려도 있습니다. AI는 유용한 학습 도구가 될 수 있지만, 인간의 관심이 깃든 교육을 대체할 수는 없습니다. 심지어 AI가 기존의 편견과 불평등을 강화할 수도 있습니다.

그러나 AI를 교육에 사용함으로써 얻을 수 있는 잠재적 이점이 상당합니다. 인공지능은 맞춤화된 적응형 학습 경험을 제공하고, 교육 자료 제작에 드는 시간과 노력을 상당히 줄여 줄 것입니다.

과거의 학교 학습 방식은 암기 위주의 주입식 교육이었기에, 개인화된 학습 경험을 제공하지 못하는 문제가 있었습니다. 모두가 같은 방향과 같은 속도로 달려야만 했습니다. 하지만 앞으로 맞춤 교육이 중요시되며, 개인화된 학습 경험을 제공하는 것이 주요 교육 목표가 될 것입니다.

인공지능은 학생들의 학습 데이터를 수집하고, 이를 분석해 학생 개개인의 학습 특성과 수준, 문제점 등을 파악하는 데 도움을 줍니다. 이러한 데이터를 활용해 교사는 개인화된 맞춤형 교육 계획을 수립해 학생들에게 제공할 수 있으며, 학생 개개인은 자신의 학습 상황을 파악하고 이를 개선할 기회를 얻을 수 있습니다.

더불어 인공지능은 학습 자료를 자동으로 추천하거나 생성할 수 있으며, 이를 통해 학생들은 좀 더 다양하고 흥미로운 학습 경험을 할 수 있습니다. 그리고 학습 상황을 실시간으로 모니터링해 학생들이 문제를 발견하고 해결할 수 있도록 지원합니다.

우리는 변화를 수용하고, 기술을 활용해 삶을 더 편리하고 효율적으로 만드는 것을 추구해야 합니다. 학부모로서 자녀들이 이러한 변화에 대비할 수 있도록 준비해야 합니다. 기술적 숙련뿐 아니라, 기술 사용으로 비롯되는 새로운 도전과 기회를 이해하고 그에 대처할 수 있어야 합니다. 변화 과정에서 발생할 수 있는 부작용과 위험을 인식하고, 이를 최소화하기 위해 적극적으로 대처해야 합니다. 교육 당국과 기업들은 기술 발전에 대한 책임을 다하고, 교육 분야에서 이를 적절하게 사용하도록 지원해야 할 것입니다. 또한 이러한 도구를 개발하고 개선하는 과정에서 윤리적 고려 사항을 염두에 두어, AI가 교육 분야에서 모두에게 도움이 되는 미래를 향해 노력해야 합니다.

부모들은 아이들이 디지털 기기 사용으로 정신 건강 문제에 노출될 수 있다는 점을 염두에 두고 아이들에게 활동적인 놀이와 운동 등의 활동을 유도해 주어 건강한 라이프 스타일을 유지할 수 있도록 지원해야 합니다.

인공지능의 도입에 따른 부작용을 최소화하고 디지털 기술을 올바르게 활용하면서 아이들의 미래 역량을 키우는 일은 반드시 교사, 부모, 학생 모두가 함께 협력해야 하는 과제입니다. 이를 위해 교사들은 학생들의 성향과 수준에 맞춘 맞춤형 교육 방법을 적용하고, 부모들은 아이들의 디지털 리터러시 교육에 적극적으로 참여하며, 학생들은 자기 주도적인 학습 방식을 적극적으로 추구해야 합니다.

마지막으로, 인간적인 관심과 손길을 유지하는 것이 중요하다는 사실을 명심해야 합니다. 기술은 삶을 더욱 쉽고 간편하게 만들어 주지만, 인간의 관계와 연결성을 대체할 수는 없습니다. 이러한 변화를 통해 더욱 사람 중심의 교육과 삶을 추구해 나가는 것이 중요합니다.

에듀테크(Edu-Tech)란 무엇인가?

기술의 발전으로 전통적인 교육 방식이 크게 변화하고 있습니다. 이제는 온라인 학습, AI 기반 학습, 로봇 보조 교사 등 다양한 형태의 학습 기술이 일상화될 것입니다.

에듀테크는 면대면 학습의 단점을 보완하고 학생들이 문제 해결 능력을 기르는 데 활용할 수 있다는 것이 장점입니다. 또한 경험 학습과 액티브 러닝(Active Learning: 능동적 학습)을 지원하며, 학생들의 창의력과 문제 해결 능력을 키우는 교육 방법으로 인식되고 있습니다.

이제 에듀테크의 확산은 필연적인 것으로, 기존의 캠퍼스 중심의 학습 체제가 장소와 시간과 내용을 초월한 학습자 주도형 체제로 전환될 것을 예고하고 있습니다. 하드웨어와 소프트웨어의 융합으로 이루어진 에듀테크는 기존의 교육 방식을 혁신하고 학생들이 보다 개인화된 학습을 할 수 있도록 도와줄 것입니다.

하지만 이러한 기술적 발전과 함께 적절한 윤리와 규제가 필요하다는 지적도 나오고 있습니다. 따라서 에듀테크를 어떻게 활용할 것인지, 보다 깊은 논의와 사회적 합의가 필요하며, 구성원 간의 적극적인 참여와 협력이 필요한 분야라고 할 수 있습니다.

에듀테크의 장단점은 다음과 같이 요약할 수 있습니다.

장점

- 획일화된 교육 방식을 탈피해 학생들이 자기 주도적으로 체험하고 경험하며 문제를 해결할 수 있는 학습 방법을 제공합니다.
- 다양한 형태의 기술과 교육의 만남을 통해 통합적 자기 주도 학습이 가능해집니다.

	• AI 기술을 활용해 단순한 암기나 사실 학습 외에도 창의적 사고와 통합적 문제 해결 능력 등을 배양할 수 있습니다.
단점	• 학습 동기가 높지 않은 학생들에게는 효과가 떨어질 수 있습니다. • 소프트웨어 콘텐츠에 한계가 있을 수 있으며, 콘텐츠 없이 호기심만 유발하는 하드웨어 위주의 에듀테크는 효과적이지 않을 수 있습니다. • 면대면 학습에서 얻을 수 있는 사람과 사람의 만남, 관계 학습 등의 장점을 놓칠 수 있습니다.

내 직장 동료, AI 김 대리

AI와 자동화 기술이 지속적으로 발전함에 따라, 직업 시장에서는 광범위한 변화와 일자리 및 취업 기회의 변화가 예상됩니다. 이러한 변화는 새로운 직업과 산업을 창출할 수도 있고, 일부 직업을 대체할 수도 있습니다.

이러한 발전은 교육과 진로, 직업 탐색에 큰 변화를 가져오고 있습니다. 최근 몇 년 동안 기술의 발전으로 새로운 직업이 등장했으며, 이러한 직업들은 고도의 기술과 전문 지식을 요구합니다. 동시에 AI와 로봇이 일부 직업을 대체하면서 일자리 시장이 급격히 바뀌고 있습니다.

이러한 변화에 따라 학생들은 진로와 직업 선택 시 새로운 옵션을 고려하게 됩니다. 교육기관은 교육과정에 진로 및 직업 탐색을 강조하고, 학생들이 다양한 직업과 분야를 탐색하고 경험할 기회를 제공해야 합니다.

학생들이 미래 일자리에 대응하기 위해서는 미래의 직업 트렌드를 예측하고, 새로운 기술과 전문 지식을 습득하는 것이 중요합니다. 이를 지원하기 위해 학교와 가정은 학생들이 다양한 직업과 분야를 탐색하고, 자신의 역량과 관심사를 파악할 수 있도록 다양한 지원과 교육을 제공해야 합니다.

앞으로 노동자들은 디지털 문해력, 문제 해결 능력, 적응력, 감성 지능, 비판적 사고, 인간 간 상호 작용 능력 등의 기술과 능력을 요구받게 될 것입니다. 평생 학습이 필수이며, 정부와 기업들도 교육과 훈련 프로그램을 개발해 직원들이 새로운 기술과 역량을 습득하고, 조직의 경쟁력을 유지할 수 있도록 지원해야 합니다.

한편 AI와 자동화는 인간 노동을 완전히 대체하지 않고 인간과 기계 간의 협업 기회를 창출할 것입니다. 인간과 AI의 서로 다른 강점을 활용함으로써(인간의 창의성과 감정적 이해 능력과, 기계의 효율성과 정확성) 이러한 협업은 다양한 산업에서 생산성과 혁신을 촉진할 수 있습니다. 인공지능 기술은 기계가 노동자의 일부 업무를 자동화할 수 있게 해 주므로 더 많은 시간과 자원을 창출할 수 있습니다. 기업들은 인간과 기계의 각각의 역할을 최대한 활용해 생산성을 높이는 것을 추구하게 될 것입니다.

자동화 기술과 통신 기술의 발전은 긱 경제(Gig Economy)와 원격 근무의 성장을 더욱 촉진할 것입니다. 이러한 업무 형태의 변화는 개인이 여러 직업을 추구하거나 프리랜서 기회를 탐색하거나 집에서 일할 수 있는 자유로움을 제공합니다. 그러나 이러한 변화는 고용 안정성, 복지 혜택, 일과 생활의 균형과 관련된 부정적 문제를 발생시킬 수 있습니다. 이러한 문제를 해결하기 위해서는 정부와 기업들이 적극적으로 대처해야 합니다.

긱 워커(Gig Woker) 시대

긱(gig)은 일시적이고 단기간의 일을 의미하는 단어입니다. 혁신 기술과 긱 경제 사이의 관계는 상호 작용하며 발전하고 있습니다. 혁신 기술의 발전은 새로운 기회를 제공하고, 기존의 경제 패러다임을 바꾸며, 긱 경제의 성장을 촉진합니다.

인터넷과 스마트 기기의 보급으로 디지털 플랫폼 기반 서비스가 급속히 확산되었습니다. 이에 따라 우버(Uber), 에어비엔비(Airbnb), 리프트(Lyft)와 같은 기업들이 출현했고, 이들 기업은 긱 경제의 성장에 큰 역할을 하고 있습니다. 이러한 디지털 플랫폼은 개인들이 자신의 능력과 시간을 유연하게 활용할 수 있게 해 주며, 동시에 기업들에도 유연한 인력 확보 방안을 제공합니다.

또한 인공지능, 로봇 기술, 빅데이터 등 혁신 기술의 발전은 많은 산업 분야에서 일자리 창출 및 변화를 가져옵니다. 전통적인 정규직이나 장기 계약직보다는 프리랜서, 임시 근로자, 독립 계약자 등이 활동하는 긱 경제에 더 많은 기회가 생겨납니다. 한편 혁신 기술 긱 워커들의 능력 향상에도 기여합니다. 예를 들어, 온라인 교육 플랫폼을 통해 개인들은 자신의 기술을 강화하거나 새로운 기술을 배울 수 있습니다. 이를 통해 시장에서 더 많은 일자리 기회를 얻을 수 있습니다.

그러나 긱 경제 시대에는 고용 안정성과 근로 복지 부분이 취약해지는 문제가 발생할 수 있습니다. 정규직이 아닌 일시적인 계약으로 일하는 사람들은 고용 안정성이 낮고, 복지 혜택이 충분하지 않을 수 있습니다. 이로써 장기적으로 금융 불안정이나 건강보험, 퇴직금 등의 문제를 일으킬 수 있습니다. 정부와 개인은 긱 경제 시대를 대비한 다양한 방책을 마련해야 합니다.

인간은 무엇으로 사는가?

인간은 세상의 주인입니다. 인공지능과 로봇 등 혁신 기술들은 우리가 필요에 따라 만든 것이기 때문에 두려워할 이유가 없습니다. 대신 이러한 기술을 적절히 이해하고, 적당한 거리를 유지하며 활용하는 것이 중요합니다. 우리는 생활을 편리하게 만들고 세상을 풍요롭게 만드는 도구로써 기술을 잘 활용하면 됩니다.

인류가 원하는 세상을 만들기 위해서는 혁신 기술을 인류의 행복을 추구하는 방향으로 발전시켜야 합니다. 이러한 목표를 달성하려면 기술의 발전과 함께 인간의 가치와 존엄성을 보호하고 높이는 데 주력해야 합니다.

우리는 미래의 주인인 아이들이 새로운 문화와 문명을 만들어 나갈 수 있게 항상 배움의 자세를 갖도록 가르쳐야 합니다. 학교와 가정에서는 아이들이 꾸준한 학습 의지와 호기심을 갖도록 독려하며, 다양한 경험을 통해 아이들의 시야를 넓혀 주어야 합니다.

창의적 사고를 갖고 인류애와 윤리를 지키며, 사랑과 책임 등의 가치를 잘 지켜 나가도록 가르치는 것 역시 중요한 부분입니다. 아이들에게 이러한 가치를 심어 주는 것은 그들이 건강한 인격체로 성장하는 데 기여할 것입니다.

또한 개인과 공동체의 행복을 추구하도록 가르치는 것은 아이들이 사회의 구성원으로서 적응하고 성장할 수 있는 능력을 키워 주는 데 큰 도움이 됩니다. 이를 위해서는 아이들이 이웃에 대한 배려와 공동체에 대한 애착을 갖도록 이끌어 주어야 합니다.

또한 주변 사람에게 관심을 가지고 문화와 예술을 누리는 아이들로 키워 나가는 것이 바람직합니다. 문화와 예술을 적극적으로 경험하고 향유함으로써 아이들은 삶의 질을 높이고, 인간의 정신세계를 더욱 풍요롭게 만들 수 있게 됩니다. 이를 통해 아이들은 개인적인 성장과 함께 사회적인 성장을 이루어 갈 수 있습니다. 문화와 예술을 통해 아이들은 자신의 삶에서 깊이와 의미를 찾게 되며, 이는 다양한 인간관계를 맺고 유지하는 데 도움이 됩니다. 이러한 경험을 통해 아이들은 존중, 이해, 배려와 같은 중요한 가치를 습득하고, 이를 바탕으로 더 나은 사회를 만들어 나가는 데 기여하게 될 것입니다.

대한민국 교육부,
디지털 기반 교육 혁신 방안

2023년 2월, 교육부는 디지털 기반 교육 혁신 방안을 발표했습니다. 이 방안은 디지털 대전환 시대에 교육 분야의 변화와 혁신이 필요함을 인식하고, 인공지능 등 첨단 기술을 활용해 학생들에게 맞춤 교육을 제공하는 것을 목표로 합니다. 이를 통해 교사들은 학생들과의 인간적 연결에 더 집중하며 디지털 시대의 핵심 역량을 길러 주는 교육 환경을 구축하게 됩니다.

AI 기술은 데이터 수집 및 분석에 큰 강점을 지니고 있어, 교육 분야에서도 학생들의 데이터를 실시간으로 수집·분석해 교사들이 수업에 활용할 수 있습니다. 이를 통해 교사들은 특성이 다양한 학생들에게 맞춤 수업을 제공할 수 있습니다.

또한 AI 기반의 'AI 보조 교사'는 학생들에게 지식을 제공하는 역할을 지원하며, 교사들은 학생에 대한 학습 지도와 사회적·정서적 변화를 관찰·진단해 상담을 제공하는 역할을 강화할 수 있습니다. 학생들은 AI 보조 교사에게 지식을 전달받고, 교사와 함께 토론, 프로젝트 학습, 거꾸로 학습 등 문제 해결 역량을 함양하는 다양한 방식의 수업에 참여할 수 있습니다.

이러한 교실의 변화를 통해 학생들은 자신만의 학습 경로를 구축하며, 교실에서 교사 및 동료 학생들과 함께 수업을 만들어 가는 능동적 학습자로 성장할 것으로 기대됩니다. 이를 바탕으로 교육부의 디지털 기반 교육 혁신 방안은 학생들의 교육 경험이 크게 변화하는 데 기여할 것으로 예상됩니다.

혁신 방안에 따르면, 우리 아이들의 교육은 다음과 같이 변화할 것입니다.

첫째로, 2025년부터 수학, 영어, 정보 교과에 AI 디지털 교과서가 도입되어 교육이 변화하게 됩니다. 인공지능 기술이 적용되어 수학에는 맞춤 학습을 지원하는 인공지능 튜터링 기능이, 영어에는 음성인식을 활용한 듣기와 말하기 연습이, 정보 교과에는 코딩 교육 체험과 실습이 강화됩니다. AI 디지털 교과서는 발행사와 에듀테크 업체와의 협업을 통해 개발되며, 가격체계 개선 방안이 검토 중입니다.

둘째로, 인공지능을 활용하며 인간적으로 지도하는 T.O.U.C.H. 교사단이 양성되어 교육이 변화합니다. 이들 교사단은 디지털 기반 교육 혁신에 대한 전문성을 갖추고, 교실 수업의 변화를 이끌어 학생들에게 맞춤 학습 환경을 제공합니다. T.O.U.C.H. 교사단은 교사 연수 과정 설계와 실행에 활용되며, 동료 연수를 통해 AI 디지털 교과서 적용 과목 교사들의 교수·학습 방법 혁신을 지원하게 됩니다. 또한 학교 관리자들의 인식 개선을 위한 연수 등에도 참여하게 됩니다.

셋째로, 2023년부터 7개 시범 교육청과 300개 디지털 선도 학교가 운영되어 교육이 변화하게 됩니다. 이들 학교들은 인공지능 기술을 교실에서 선도적으로 적용해 2025년 AI 디지털 교과서 도입 전 디지털 기반 교육 혁신의 성공 가능성을 높이고 우수 사례를 도출할 것입니다. 선도 학교는 교육청별로 40개씩 지정되며, 교사의 역할 변화와 같은 성공적인 모델을 창출하고 다른 학교에 확산하는 역할을 맡게 됩니다.

넷째로, 디지털 기기와 무선망 확충이 이루어져 교육이 변화하게 됩니다. 교육부는 2025년 AI 디지털 교과서 도입 전까지 시도 교육청과 협력해 디지털 기기 및 학교 무선망을 지속적으로 점검할 계획입니다. 이를 통해 실시간 데이터 수집과 분석이 가능하게 되어, 교육의 근본적 목표인 '모두를 위한 교육(Education for All)'이 실현될 것입니다. 이와 더불어 교원의 역할 변화를 중요시하며, AI 디지털 교과서 준비와 교사 연수를 철저히 추진할 것입니다.

출처: 교육부, 〈디지털 기반 교육 혁신 방안〉 공식 보도 자료(2023. 2.)

ChatGPT

2

AI를 모르는 엄마
: 미래 엄마 패치

어머니 댁에 AI 한 대 놔 드려야…

보통의 부모들은 아이들의 생활 습관, 신체 발달, 그리고 교우 관계에 매우 관심이 많습니다. 그러나 아이들이 살아가는 디지털 세상에 대해서는 이해하지 못하거나 무관심한 경우가 대부분입니다. 이는 교육과 생활에 기술이 급속도로 적용되는 현대사회에서 문제가 됩니다. 따라서 부모들은 다음과 같은 이유로 기술에 대한 이해도를 높여야 합니다.

첫째, 아이들이 기술 환경에 능숙하게 적응할 수 있도록 도움이 되어야 합니다. 엄마 아빠가 기술을 이해하면 아이들도 미래 사회에서 기술적으로 능숙하게 성장하고 적응할 수 있습니다. 또한 인공지능과 같은 최신 기술에 대한 이해를 갖춘 부모들은 아이들의 온라인 활동을 지도하고 안전한 인터넷 사용 습관을 가르칠 수 있습니다.

둘째, 직업 시장이 빠르게 변하고 있습니다. 부모들이 이러한 변화를 인지하고 준비하면 아이들이 미래의 경쟁력 있는 직업에 적응하는 데 도움을 줄 수 있습니다. 또한 최신 기술을 이해하는 부모들은 아이들에게 효과적인 학습 도구와 자료를 제공함으로써 그들의 학습 경험을 끌어올릴 수 있습니다.

셋째, 기술과 인공지능에 대한 이해가 있는 부모들은 아이들과의 대화에서 관련 주제를 더 잘 이해하고 토론할 수 있습니다. 이는 가족 간의 소통을 원활하게 하며, 서로의 생각을 공유하고 이해할 수 있도록 합니다.

넷째, 빠른 기술 발전과 디지털 환경 변화는 윤리적 문제를 수반합니다. 이러한 문제에 대한 이해가 있는 부모들은 아이들에게 적절한 가치관과 판단력을 교육할 수 있습니다. 이로써 기술 발전 속에서 아이들의 올바른 윤리적 가치가 함께 성장하게 됩니다.

자, 그렇다면 세간의 화제인 인공지능에 대해 차근차근 알아봅시다.

인공지능이란 사람의 지능을 모방해 학습하고 문제를 해결하는 컴퓨터 기술입니다. 예를 들어, 사람이 사진이나 글을 인식하고 이해할 수 있는 것처럼, 컴퓨터도 그러한 능력을 갖출 수 있습니다. 이를 가능하게 하려면 컴퓨터가 데이터를 이용해 스스로 패턴을 학습하고 새로운 정보를 예측하거나 결정할 수 있는 방법이 필요합니다.

그중 하나가 머신 러닝(Machine Leaning, ML: 컴퓨터가 스스로 학습해 인공지능의 성능을 향상하는 방법)이라는 기술이고, 그중에서도 인공 신경망을 기반으로 한 딥 러닝(Deep Leaning)이 대표적입니다. 딥 러닝은 사람 뇌의 뉴런과 비슷한 구조를 모방해 데이터를 처리하고 결과를 내놓습니다. 이렇게 인공지능은 복잡한 문제를 해결하는 데 도움이 되며, 사진이나 음성인식 등 다양한 분야에서 활용됩니다.

딥 러닝을 사용한 이미지 인식 기술은 컴퓨터가 사진이나 그림에서 물체나 인물 등을 인식하고 구분하는 기술입니다. 이 기술을 사용하면 스마트폰 카메라로 찍은 사진에서 어떤 물체가 있는지 자동으로 인식해 주는 기능이나, 자동차나 드론 등에서 주위 환경을 인식해 스스로 주행 경로를 계획하는 기능 등이 가능해집니다.

음성인식 기술은 컴퓨터가 인간의 음성을 듣고 이를 텍스트나 명령어로 변환하는 기술입니다. 이 기술을 사용하면 스마트폰에서 음성인식 검색이나, 인공지능 스피커를 사용한 음성 명령 등이 가능해집니다. 또한 챗GPT와 같은 응용 프로그램에서 자연어 처리를 통해 대화를 이어 나가는 일도 할 수 있습니다.

인공지능의 발전은 우리 인간의 삶에 긍정적인 영향을 끼칠 것입니다. 일상생활에서는 AI의 도움으로 더욱 편리한 삶을 누리게 될 것이며, 의료 분야에서는 더욱 정확하고 효율적인 진단과 치료가 가능해지며, 교육 분야에서는 맞춤형 교육이 가능해져 더욱 효과적인 학습이 이루어질 것입니다.

또한 AI는 산업과 기업의 경쟁력을 높여 생산과정이 효율적이고 혁신적인 제품과 서비스가 만들어지게 될 것입니다. 마지막으로, AI는 환경문제에 대한 해결책을 제시해 줄 것이고, 지속 가능한 미래를 만드는 데 큰 역할을 할 것입니다. 이러한 변화는 다양한 분야에서 우리의 삶을 더욱 풍요롭고 편리하게 만들어 줄 것입니다.

신박한 요물 챗GPT

챗GPT는 어디서나 응용할 수 있는 인공지능을 목표로 한 대화형 AI 모델입니다. GPT는 생성(Generative), 선행 학습(Pre-trained), 트랜스포머(Transformer)의 개념을 내포하고 있습니다. 챗GPT는 미국의 인공지능 연구 및 개발 전문 기업인 오픈AI(OpenAI)에서 개발했습니다. 2017년 구글(Google)의 트랜스포머(Transformer) 발표 이후, 오픈AI는 GPT 시리즈를 차례로 발표해 왔고, GPT-3의 등장으로 널리 알려지게 되었습니다.

챗GPT는 기본적으로 언어 생성형 모델로, 주어진 이전 단어들을 바탕으로 다음에 나올 단어나 문장을 예측하는 데 사용됩니다. 과거의 언어 모델은 부자연스러웠지만, 챗GPT는 방대한 데이터와 파라미터(parameter: 머신 러닝 및 딥 러닝 모델에서 학습을 통해 최적화되는 변수들) 증가를 통해 지식을 다루는 영역에서 뛰어난 성능을 보여 줍니다. 이 모델은 고차원적인 추론이나 창의적인 내용 생성에는 한계가 있지만, 이미 존재하는 내용을 조합해 문장을 만들어 낼 수 있습니다.

챗GPT는 기업과 고객 간의 상호 작용을 혁신할 수 있는 강력한 AI 기술이며, 많은 기업이 이 기술을 활용해 비즈니스를 발전시키고 있습니다. 이 기술은 텍스트 기반의 학습을 통해 사람들이 다양한 분야에서 활용할 수 있는 넓은 범위를 제공합니다.

그럼에도 챗GPT는 한계를 가지고 있습니다. 예컨대, 때때로 이상한 대답을 하거나, 질문에 알맞은 답변을 제공하지 못하는 경우가 발생합니다. 더욱이 챗GPT는 학습된 데이터를 바탕으로 대화를 이해하기 때문에, 새로운 정보나 개념에 대한 인식은 미흡할 수 있습니다. 그러므로 챗GPT는 아직 완벽한 대화형 인공지능이 아니며, 많은 개선이 필요합니다.

챗GPT의 능력을 학생에 비유하면, 대다수 언어에서 중·고등학생 수준의 이해력을 가지고 있을 것입니다. 몇몇 주요 언어에서는 대학생이나 전문가 수준의 지식을 가질 수 있습니다. 그렇지만 언어마다 특성이 다르기에, 일부 언어에서는 이해력이 더 낮은 수준일 수도 있습니다.

하지만 챗GPT는 다양한 학습 방법을 통해 더 나은 대답을 제공하려고 진화합니다. 인터넷에서 수집된 방대한 양의 텍스트 데이터를 활용해 다양한 주제와 상황에 대한 지식과 패턴을 습득하며, 이를 통해 다양한 언어와 주제에 이해력을 높이고 있습니다.

또한 '전이 학습'이라는 기술을 활용해 이미 학습된 기존 모델을 새로운 작업에 적용하고 개선합니다. 이 과정에서 사용자들과의 대화를 통해 얻은 피드백을 재반영하면서 모델의 성능을 개선해 나갑니다.

챗GPT는 앞으로 이해력과 정확도를 높이는 데 초점을 맞추고, 다양한 언어와 주제에 대해 더 나은 대화를 제공할 수 있도록 업그레이드될 것입니다. 더 나아가 사용자들의 요구에 더욱 잘 대응하기 위해, 개인화된 대화와 맞춤형 정보 제공 기능도 강화될 예정입니다.

챗GTP를 만든 '오픈AI'의 최종 목표는 인간과 동등한 수준의 이해력과 지식을 갖춘 인공지능을 만들어 인간의 삶에 도움이 되는 기술을 개발하는 것입니다. 이를 통해 교육, 의료, 경제, 환경 등 다양한 분야에서 인간의 문제 해결 능력을 향상하고, 삶의 질을 높일 수 있습니다. 이러한 변화와 발전을 통해 챗GPT는 미래의 인공지능 기술이 가져올 가능성과 가치에 대한 기대감을 높이고 있습니다.

챗GPT는 다양한 분야에 응용할 수 있는 인공지능 기술입니다. 몇 가지 예시는 다음과 같습니다.

고객 지원 챗GPT는 고객 지원 팀의 업무를 돕는 챗봇으로 사용될 수 있습니다. 고객의 문제 해결을 지원하거나 자주 묻는 질문에 답변할 때 도움이 됩니다.

콘텐츠 생성 및 편집 챗GPT는 기사, 블로그, 마케팅 자료 등 다양한 형태의 텍스트를 생성하거나 편집하는 데 사용될 수 있습니다. 글쓰기를 도와주어 시간과 노력을 절약할 수 있습니다.

번역 챗GPT는 다양한 언어로 작성된 텍스트를 번역하는 데 사용될 수 있습니다. 이를 통해 국제적인 커뮤니케이션을 돕고, 정보 교류를 확장할 수 있습니다.

교육 챗GPT는 학생들에게 개인화된 학습 자료를 제공하거나 과제에 대한 피드백을 주는 등, 교육적 역할을 할 수 있습니다. 또한 교사들에게 수업 계획이나 창의적인 아이디어를 제공하는 데 도움이 됩니다.

의료 챗GPT는 의료 분야에서 전문가들에게 정보 검색, 질병 진단, 치료 계획 개발 등의 업무를 지원할 수 있습니다. 또한 환자들에게 건강 정보를 제공하거나 복약 안내 등의 역할을 수행할 수 있습니다.

게임 및 엔터테인먼트 챗GPT는 게임 캐릭터의 대화 시스템 개발이나 온라인 커뮤니티의 관리를 도와주는 역할을 할 수 있습니다. 이를 통해 사용자 경험을 향상하고 콘텐츠의 질을 높일 수 있습니다.

기업 및 전략 기획 챗GPT는 기업의 전략 기획, 리서치, 경쟁 분석 등의 업무를 지원할 수 있습니다. 데이터 분석 결과를 해석하고 전략적인 제안을 도출하는 데 도움이 됩니다.

법률 챗GPT는 법률 분야에서 법률 자문, 계약 검토, 사례 연구 등의 업무를 지원할 수 있습니다. 변호사와 법률 전문가들의 작업 효율을 높여 줄 것입니다.

금융 챗GPT는 금융 분야에서 투자 조언, 주식 분석, 시장 동향에 대한 정보 제공 등의 업무를 지원할 수 있습니다. 이를 통해 금융 전문가들의 의사 결정 과정을 돕고, 투자자들에게 유용한 정보를 제공할 수 있습니다.

인사 관리 챗GPT는 인사 관리에서 이력서 검토, 채용 과정 지원, 직원 평가 및 피드백 등의 업무를 수행할 수 있습니다. 인사 담당자들의 업무 부담을 줄이고, 더 효율적인 인사 관리를 도모할 수 있습니다.

연구 및 개발 챗GPT는 연구 및 개발 분야에서 아이디어 창출, 논문 작성 및 검토, 실험 계획 및 결과 분석 등의 업무를 지원할 수 있습니다. 생산성을 높여 더 빠른 기술 발전을 촉진할 수 있습니다.

스마트 홈과 IoT 챗GPT는 스마트 홈과 IoT 기기와 연동되어 사용자의 명령에 따라 기기를 제어하거나 정보를 제공하는 등의 역할을 할 수 있습니다. 이는 사용자의 생활 편의를 돕고, 집 안에서의 커뮤니케이션을 강화할 수 있습니다.

이처럼 챗GPT는 다양한 분야에서 활용 가능하며, 미래에는 더 많은 분야에 인공지능 기술이 적용되어 생활의 질을 끌어올릴 것으로 기대됩니다.

GPT-4의 등장

2023년 3월 15일, 챗GPT-3의 강력한 후속 버전인 챗GPT-4가 출시되었습니다. 이 새로운 버전에는 사용자의 글을 바탕으로 자동으로 비디오를 생성해 주는 기능까지 포함되어 있습니다. 마이크로소프트는 3월 셋째 주부터 이 기능을 빙(Bing) 검색 엔진에 적용했습니다. 챗GPT-4는 더 넓은 범위의 일반 지식과 문제 해결 능력을 갖추고 있어 더 정확한 결과를 도출할 수 있습니다.

새 버전의 챗GPT는 여러 가지 향상된 기능을 제공합니다. 첫째, 수학 문제를 해결함으로써 사용자의 공부를 도와주는 기능이 개선되었습니다. 둘째, 창의성 측면에서 작곡, 시나리오 작성, 사용자의 글쓰기 스타일을 학습하는 능력이 향상되었습니다. 셋째, 2만 5,000단어 이상의 긴 텍스트를 처리할 수 있는 능력으로 긴 형식의 콘텐츠 제작, 확장된 대화, 문서 검색 및 분석 등에 활용할 수 있습니다. 넷째, 그림 입력이 가능해지면서 그림을 분석하거나 자막을 생성하는 기능이 추가되었습니다. 다섯째, 영어뿐만 아니라 다양한 언어로도 풍부한 대화가 가능해진 점이 특징입니다. 마지막으로, 안정성과 일관성이 향상되어 더 정확하고 안전한 답변을 제공할 수 있습니다.

마이크로소프트는 오픈AI에 100억 달러를 투자하고 있으며, 앞으로 GPT 5.0, GPT 6.0 등이 빠른 속도로 진화할 것으로 예상됩니다. 이러한 발전은 교육, 의료, 엔터테인먼트 등 다양한 분야에 큰 영향을 끼칠 것으로 보입니다.

▶ 주요 인공지능 서비스

1. 마이크로소프트 디자이너(Microsoft Designer)

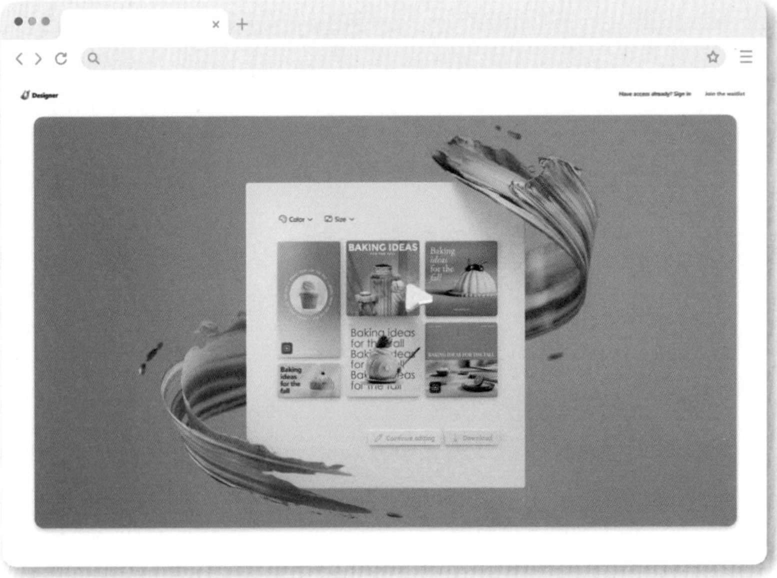

출처: 마이크로소프트 디자이너 공식 웹 사이트

마이크로소프트 디자이너는 혁신적인 디자인 도구로, 기업용이 아닌 일반 소비자용으로 개발되었습니다. 이 프로그램은 AI 아트와 다양한 템플릿을 결합해 사용자가 손쉽게 완성도 높은 작품을 만들 수 있게 해 줍니다.

2022년 10월 발표된 이 도구는 현재 프리뷰 모드로, 아직 소수의 테스터에게만 제공되고 있습니다. 대기 명단에 이메일을 등록한 후 기다리면, 프리뷰 코드를 얻어 액세스할 수 있으며, 첫 작품을 완성하면 추가 라이선스 코드를 통해 다른 사람과 공유할 수 있습니다. AI 아트 기능은 이미지 크리에이터와 공유되며, 결국 마이크로소프트 365의 일부가 될 예정입니다.

이 도구를 사용하면 몇 분 안에 전문가의 작업처럼 보이는 이미지를 만들 수 있습니다. 똑똑하게 사용자의 입력에 반응해 디자인을 생성하며, 필요한 기능을 제공한 후에는 사용자가 마음대로 꾸밀 수 있도록 도구를 제공합니다. 사용자는 컴퓨터에 저장된 이미지나 사진을 사용해 시작할 수도 있습니다.

템플릿은 변경이 쉽고, 디자이너는 사용자의 편의를 위해 제안된 요소를 추가할 수 있습니다. 하지만 템플릿이 이미 깔끔하고 세련되어서 추가 요소를 사용할 필요가 거의 없습니다. 사용자는 거의 모든 종류의 개인화된 배경을 만들 수 있습니다. 사용자가 텍스트를 입력하면 AI 서비스가 그에 어울리는 이미지를 생성해 줍니다. 다양한 상상과 조합이 가능해서 무궁무진한 창작물을 만들어 낼 수 있습니다.

활용하기

- **프로젝트 및 발표 자료** 학생들은 마이크로소프트 디자이너를 사용해 과제나 프로젝트 발표에 필요한 시각 자료를 쉽게 만들 수 있습니다. 빠르게 사용 가능한 템플릿과 AI 아트를 활용하면 전문적인 디자인을 손쉽게 생성할 수 있습니다.
- **포스터 및 현수막** 학교 행사, 동아리 활동, 스포츠 경기 등을 홍보하기 위한 포스터와 현수막을 만들 수 있습니다. 다양한 템플릿과 이미지를 조합해 독특하고 매력적인 디자인을 제작할 수 있습니다.
- **뉴스레터 및 전단지** 학교나 학생회에서 주기적으로 발행하는 뉴스레터와 전단지를 만들 때 마이크로소프트 디자이너를 활용할 수 있습니다. 디자인 요소와 레이아웃을 쉽게 조정해 전

문적인 뉴스레터를 만들 수 있습니다.

- **소셜 미디어 그래픽** 학교나 동아리의 소셜 미디어 계정을 관리하는 경우, 마이크로소프트 디자이너를 사용해 인상적인 그래픽을 만들어 더 효과적으로 소통할 수 있습니다.
- **개인 포트폴리오** 학생들은 마이크로소프트 디자이너를 사용해 자신의 작품이나 이력서, 포트폴리오를 디자인하고, 전문적인 디자인으로 본인의 역량을 효과적으로 강조할 수 있습니다.
- **교육 자원 개발** 교사들은 마이크로소프트 디자이너를 사용해 교육 자료, 워크시트, 퀴즈 등을 만들 수 있습니다. 또한 독특한 디자인으로 학생들의 관심을 끌고 학습 동기를 유발할 수 있습니다.

2. 마이크로소프트 365 코파일럿(Microsoft 365 Copilot)

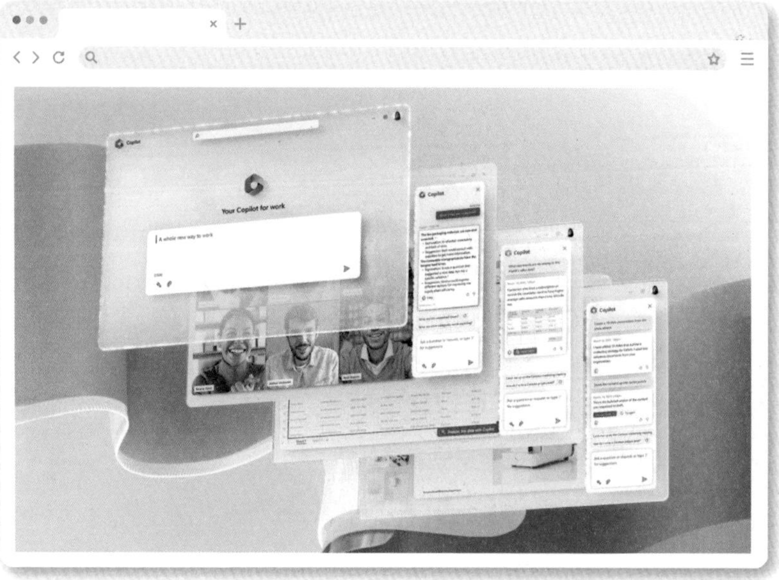

출처: 마이크로소프트 365 코파일럿 공식 웹 사이트

마이크로소프트 365 코파일럿은 인공지능 기술을 통해 사용자의 명령어 입력에 따라 파워포인트 발표 자료를 만들고, 엑셀 스프레드시트에서 전문적인 데이터 시각화 자료를 단숨에 생성하는 혁신적인 서비스입니다. 최근 공개된 MS 365 코파일럿은 오픈AI의 차세대 인공지능 대형 언어 모델(Large Language Model, LLM)을 결합해 업무 생산성을 극대화하고, 사용자에게 더 큰 자율성을 부여합니다.

코파일럿은 워드, 엑셀, 파워포인트, 아웃룩, 팀즈 등 MS 365 앱에 내장되어 있으며, 사용자의 업무를 돕는 부조종사 역할을 수행합니다. 코파일럿을 통해 워드에서 글 작성, 편집, 요약 및 창작이 가능하며, 파워포인트에서는 간단한 자연어 명령만으로도 프레젠테이션을 생성할 수 있습니다. 엑셀에서는 인사이트 확보, 동향 파악, 전문적인 데이터 시각화 등을 몇 초 만에 할 수 있습니다.

활용하기

- 학생들과 교직원들은 워드에서 코파일럿을 활용해 논문, 보고서, 에세이 등을 효율적으로 작성하고 편집할 수 있습니다. 이를 통해 시간을 절약하고, 더 많은 자료 조사와 창의적인 생각에 집중할 수 있습니다.
- 파워포인트에서 강의 자료, 프로젝트 발표 자료 등을 손쉽게 만들 수 있으며, 빠른 시간 내에 전문적인 프레젠테이션을 준비할 수 있습니다.
- 엑셀을 사용해 데이터 분석 및 시각화를 쉽게 수행할 수 있어서 학생들의 실험 결과나 직장에서의 업무 데이터를 더 깊이 이해하고 공유할 수 있습니다.
- 아웃룩과 팀즈를 통해 학교와 직장에서의 커뮤니케이션을 효율적으로 관리하고, 중요한 정보와 일정을 쉽게 파악할 수 있습니다.
- 팀 프로젝트에서는 코파일럿을 활용해 공동 작업을 원활하게 진행하고, 팀원 간의 업무 분담과 협업을 향상할 수 있습니다.

AI와 생산성 프로그램의 결합으로 향후 학교와 직장에서의 업무 및 학습 효율성이 크게 향상되고, 창의력과 협업 능력이 강화될 것으로 기대됩니다.

3. 미드저니(Midjourney)

출처: 미드저니 공식 웹 사이트

미드저니란 인공지능 그림 생성 서비스로, 사용자가 입력한 명령어에 따라 그림을 자동으로 그려 주는 프로그램입니다. 이 서비스는 상상력을 확장하고 새로운 영역을 탐구하는 것을 목표로 합니다. 미국 콜로라도주에서 열린 공모전에서 미드저니 AI가 그린 그림이 1위를 차지한 것으로 알려져 있습니다. 미드저니는 디스코드 서버를 통해 이용할 수 있으며, 다양한 챗봇과 함께 사용할 수 있습니다. 또한 미드저니 쇼케이스에서 다른 사람들이 만든 그림을 감상하고 프롬프트를 참고해 자신만의 작품을 만들 수 있습니다.

미드저니는 샌프란시스코에 위치한 독립 연구소 미드저니(Midjourney, Inc.)에서 개발했습니다. 사용자는 디스코드 봇 명령어를 사용해 작품을 만들 수 있으며, 현재 오픈 베타 상태입니다. 이미지를 생성하기 위해 사용자는 /imagine 명령어를 사용하고 프롬프트를 입력합니다. 그러면 봇이 4개의 이미지를 생성합니다. 사용자는 이 이미지 중 원하는 이미지를 업 스케일하거나, 유사한 4개의 이미지를 더 요청할 수 있습니다. 미드저니는 웹 인터페이스도 개발 중입니다.

활용하기

- **미술 교육** 미드저니를 사용하면 학생들이 그림 그리기를 배우거나 창의적인 아이디어를 시각화할 수 있습니다. 미술 교사들은 미드저니를 이용해 학생들에게 다양한 기술, 스타일, 구성 요소를 소개하고, 그들의 창의력을 발휘하도록 도울 수 있습니다.
- **프로젝트 및 발표** 학생들은 미드저니를 사용해 프로젝트나 발표 자료에 독특한 그림이나 일러스트를 추가할 수 있습니다. 이를 통해 학생들은 자신의 아이디어를 더 효과적으로 전달하고, 독창적인 프로젝트를 제작할 수 있습니다.
- **창의력 향상** 미드저니는 상상력을 활용해 독특한 작품을 만들어 보는 도구입니다. 이를 통해 학생들은 창의력을 키우고, 다양한 주제와 아이디어를 생각해 볼 수 있습니다.

이와 같이 미드저니는 학생들의 가정과 학교에서 교육적 목적으로 다양하게 활용될 수 있습니다. 그러나 사용 시 저작권과 관련된 문제를 고려하고, 적절한 사용 가이드라인을 따르는 것이 중요합니다.

4. 사운드풀(Soundful)

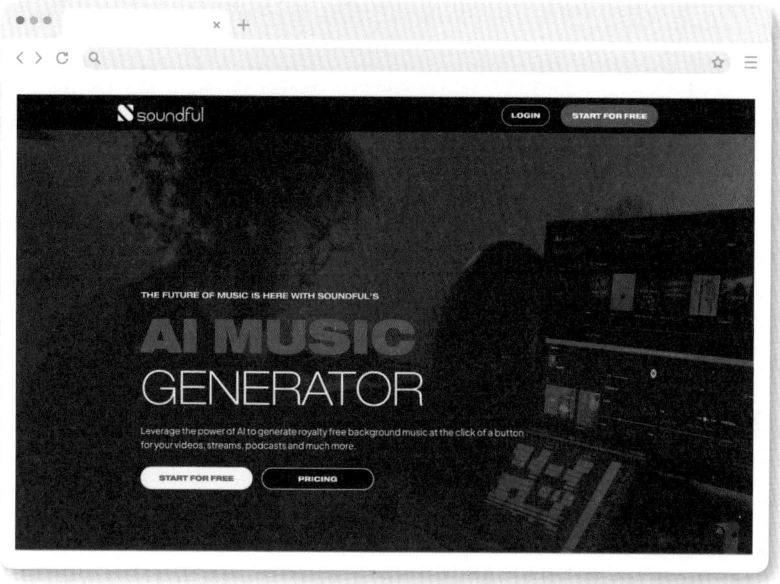

출처: 사운드풀 공식 웹 사이트

사운드풀은 AI를 활용해 비디오, 스트림, 팟캐스트 등에 사용할 수 있는 무료 배경음악을 쉽게 생성하는 플랫폼입니다.

이 서비스의 전체 과정은 직관적으로 설계되어 있으며, 장르를 선택하고 입력을 사용자 지정한 다음 음악 트랙을 생성하기만 하면 됩니다. 원하는 트랙을 찾을 때까지 이를 반복합니다.

무엇보다도 음악이 독특하며, 사운드풀의 알고리즘은 유명 프로듀서와 사운드 엔지니어를 통해 학습됩니다. 음악 이론 교육을 받은 원숏 샘플을 사용하기에, 사운드풀의 인공지능은 기존에 있는 노래나 자체 플랫폼에서 생성된 노래를 복제하지 않습니다. 사용자들은 50가지 이상의 다양한 장르 템플릿에서 시작할 수 있습니다.

활용하기

- **프로젝트 및 발표** 학생들은 프로젝트나 발표를 준비할 때 사운드풀을 사용해 배경음악을 추가할 수 있습니다. 이를 통해 프로젝트나 발표가 한층 매력적이고 전문적으로 보일 수 있습니다.
- **동영상 제작** 학교나 학생들이 동영상을 제작할 때 무료로 사용할 수 있는 배경음악이 필요한 경우, 사운드풀을 활용해 독특하고 저작권을 침해하지 않는 음악을 찾을 수 있습니다.
- **학교 행사** 학교 행사, 공연, 축제 등의 배경음악에 사운드풀을 활용할 수 있습니다. 이를 통해 행사의 분위기를 더욱 풍성하게 만들 수 있습니다.
- **음악 교육** 사운드풀을 사용해 학생들이 다양한 장르의 음악을 청취하고, 그 구조와 스타일을 이해하는 데 도움이 될 수 있습니다. 또한 음악 작곡에 관심이 있는 학생들은 사운드풀을 활용해 자신만의 음악을 생성하면서 창작 과정을 경험할 수 있습니다.
- **창의력 계발** 인공지능 기반의 음악 생성 툴인 사운드풀을 사용함으로써 학생들은 기술과 예술의 결합을 통해 창의력을 발휘할 기회를 얻을 수 있습니다.

5. 신디시아(Synthesia)

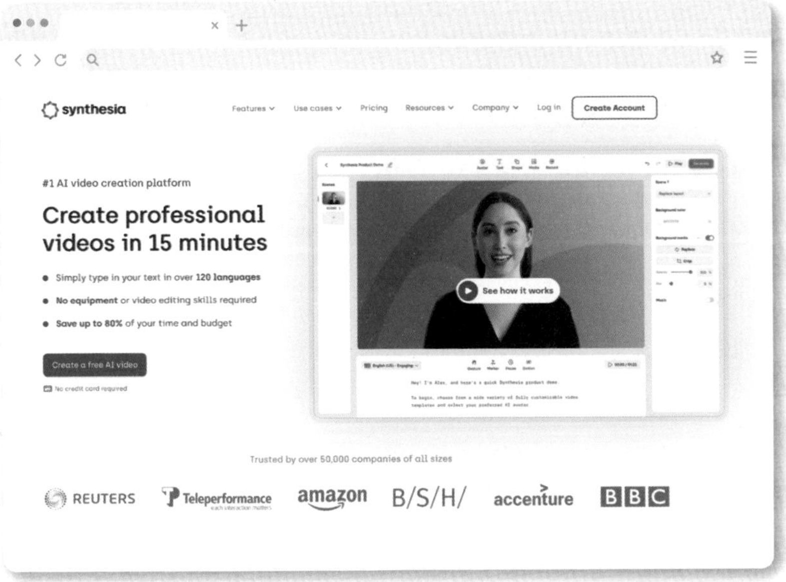

출처: 신디시아 공식 웹 사이트

신디시아는 120개 이상의 언어로 AI 아바타를 활용한 비디오를 빠르게 생성할 수 있는 인공지능 비디오 생성 플랫폼입니다. 템플릿, 화면 녹화기, 미디어 라이브러리 등의 기능이 포함되어 있습니다. 비디오 콘텐츠 제작은 복잡한 과정이며 시간과 비용이 많이 드는 작업입니다. 배우를 고용하고, 비싼 카메라를 구입하고, 스튜디오를 대여하고, 비디오를 편집하는 시간이 필요하기 때문입니다. 신디시아는 AI 아바타와 음성 오버를 사용한 설명 비디오를 생성할 수 있게 도와줍니다.

신디시아를 사용하면 기업이나 취미로 비디오를 만드는 사람들이 품질을 희생하지 않고 인공지능 비디오를 빠르게 생성할 수 있습니다. 소셜 미디어, 튜토리얼 또는 광고용 비디오를 생성하려는 경우, 다양한 템플릿과 아바타를 조합해 최적의 결과물을 얻을 수 있습니다.

활용하기

- **강의 및 교육 자료 제작** 교사들은 신디시아를 사용해 개별 학습자에게 맞춤형 강의를 제공할 수 있습니다. 또한 다양한 언어로 비디오를 생성함으로써 다양한 언어 사용자를 지원할 수 있습니다.
- **학생 프로젝트** 학생들은 프로젝트 발표나 과제를 준비할 때 신디시아를 사용해 짧은 영상이나 프레젠테이션을 제작할 수 있습니다. 이를 통해 시각적인 요소와 창의성을 향상할 수 있습니다.
- **학습 동기부여** 교사들은 학생들의 학습 동기를 높이기 위해 신디시아를 사용함으로써 교육적인 동영상을 제작할 수 있습니다. 그러한 비디오는 새로운 개념을 소개하거나, 학습 목표를 설정하거나, 성취를 인정하는 데 사용될 수 있습니다.
- **원격 교육** 원격 교육이 더욱 중요해지고 있는 현대사회에서, 신디시아를 사용해 가상 교사를 활용한 동영상 강의를 제공할 수 있습니다. 이를 통해 학생들이 필요한 시간과 장소에서 편리하게 학습할 수 있습니다.
- **특수교육** 특수교육이 필요한 학생들을 위한 맞춤형 비디오를 생성해, 개별적인 필요와 관심을 충족하는 동시에 학습 경험을 개선할 수 있습니다.
- **다문화 교육** 신디시아를 사용해 다양한 언어로 비디오를 생성함으로써 다문화 배경을 가진 학생들이 이해하기 쉬운 교육 자료를 제공할 수 있습니다.

메타버스 타 봤어요?

메타버스(Metaverse)는 가상현실 기술을 이용해 사람들이 가상 세계에서 다양한 활동을 할 수 있는 공간을 말합니다. 즉, 우리가 실제로 살고 있는 세상과는 다른 가상의 세계입니다. 이 용어는 'meta(초월, 가공)'와 'universe(세계)'의 합성어로, 가상과 현실이 결합된 새로운 세계를 의미합니다. 이 공간에서는 아바타라는 가상의 모습으로 다른 사용자들과 상호 작용하거나 경제활동, 엔터테인먼트 등을 즐길 수 있습니다. 메타버스는 디지털 기술의 발전으로 점차 보편화되고 있으며, 새로운 비즈니스 모델이나 교육, 문화 등 다양한 분야에 활용할 수 있습니다.

인터넷(WEB)과 메타버스의 주요 차이점은 인터넷이 2D 플랫폼에서 텍스트, 사진, 비디오 콘텐츠를 표시하는 것과 달리, 메타버스는 3D 가상 세계에서 아바타, 제스처 감지, 음성 명령 등을 통해 다양한 네트워크 서비스와 사회적 상호 작용을 시뮬레이션하는 것입니다. 인터넷은 정보에 접근하고 공유하기 위한 도구이지만, 메타버스는 가상 세계와 물리 세계를 융합하는 완전히 새로운 현실을 만들고 경험하기 위한 플랫폼입니다.

메타버스의 주요 특징으로는 지속적이고 몰입적인 가상 세계를 만드는 능력, 아바타 및 기타 사용자의 가상 표현 사용, 경제활동, 사회적 상호 작용 및 엔터테인먼트를 가능하게 하는 블록 체인, 암호 화폐, AI, 클라우드 및 에지 컴퓨팅 기술이 통합된 플랫폼을 제공합니다.

메타버스에서 블록 체인은 가상 화폐를 비롯해 다양한 디지털 자산을 보호하고 교환하는 데 사용되고 있습니다. 블록 체인 기술은 분산형 데이터 저장과 암호화를 통해 거래 기록을 안전하게 저장하며, 중개인 없이 직접 거래할 수 있는 기술입니다.

메타버스에서는 블록 체인 기술을 이용해 가상 화폐로서의 기능을 수행하는 블록 체인 기반의 암호 화폐를 발행하고 거래할 수 있습니다. 블록 체인을 이용한 가상 화폐는 메타버스 내에서 상품 구매, 화폐 교환 등의 다양한 경제활동에 활용됩니다.

또한 디지털 자산의 소유권을 증명하는 NFT(Non-Fungible Token: 대체 불가능 토큰)에도 활용됩니다. NFT는 블록 체인 기술을 활용해 유일한 디지털 자산을 생성하고 소유권을 증명하는 기술입니다. 이를 통해 예술 작품, 게임 아이템, 디지털 콘텐츠 등의 소유권을 증명하고 거래할 수 있습니다. 메타버스 내에서도 NFT를 통해 다양한 디지털 자산의 소유권을 증명하고 거래할 수 있습니다.

메타버스 내에서 디지털 아이템을 거래하는 것은 아이들 사이에서 이미 널리 이루어지고 있습니다. 그러나 이러한 거래는 법적 규제나 보호를 받지 않는 비교적 자유로운 환경에서 이루어지기 때문에, 어떤 사람들은 이를 이용해 유사 금융 사기를 시도하기도 합니다.

유사 금융 사기란 실제 돈이나 보안 정보를 이용하지는 않지만, 사기와 비슷한 형태로 속이는 것을 말합니다. 예를 들어 메타버스 내에서 가짜 아이템을 판매하거나, 실제로 아이템을 샀음에도 돈을 지불하지 않는 등의 사기가 발생할 수 있습니다.

따라서 부모나 보호자는 아이들이 메타버스 내에서 거래하는 것을 지켜보면서, 유사 금융 사기를 예방하는 데 주의를 기울일 필요가 있습니다. 또한 아이들이 안전하게 거래할 수 있는 가이드라인을 제공하고, 아이들이 안전하게 거래할 수 있는 환경을 만들어 주는 것도 중요합니다.

아이들은 왜 메타버스에 열광하는가?

아이들이 메타버스에 열광하는 이유는 여러 가지가 있습니다.

몰입감 메타버스는 3D 가상 세계로, 아이들이 현실에서 겪을 수 없는 환경과 상호 작용을 경험할 수 있습니다. 이로써 아이들은 메타버스에 몰입하게 되며, 현실 세계와는 다른 새로운 경험을 즐길 수 있습니다.

창의력과 상상력 메타버스에서는 아이들이 자신만의 캐릭터를 만들거나, 가상 세계를 구축하고 개선하는 등 창의력과 상상력을 발휘할 수 있습니다. 이를 통해 아이들은 새로운 아이디어를 탐구하고 시도해 볼 수 있습니다.

사회적 상호 작용 메타버스는 다양한 사람들과 상호 작용할 수 있는 공간입니다. 아이들은 메타버스에서 친구를 사귀거나, 협력해 미션을 완수하는 등의 활동을 하면서 사회적 기술을 발전시킬 수 있습니다.

게임 요소 메타버스에는 다양한 게임 요소가 포함되어 있어서 아이들이 재미와 도전을 느낄 수 있습니다. 메타버스에서의 성취감은 아이들을 끌어들이는 중요한 요소 중 하나입니다.
학습과 교육 메타버스는 교육적 측면에서도 유용합니다. 아이들은 메타버스의 3D 가상 세계에서 다양한 주제와 상황을 학습하고, 협력적 학습을 통해 지식을 습득할 수 있습니다.
편리한 접근성 아이들은 스마트폰, 태블릿, 컴퓨터 등 다양한 기기를 통해 메타버스에 쉽게 접근할 수 있습니다. 이러한 접근성은 아이들이 메타버스를 쉽게 즐길 수 있도록 합니다.

이러한 이유들로 아이들은 메타버스에 큰 관심을 가지고 열광하는 경우가 많습니다. 그러나 메타버스의 과도한 사용은 부정적인 영향을 끼칠 수 있으므로, 부모들이 아이들의 사용 시간과 활동을 적절하게 관리해야 합니다.

▶ 대표적인 메타버스 서비스

1. 디센트럴랜드(MANA)

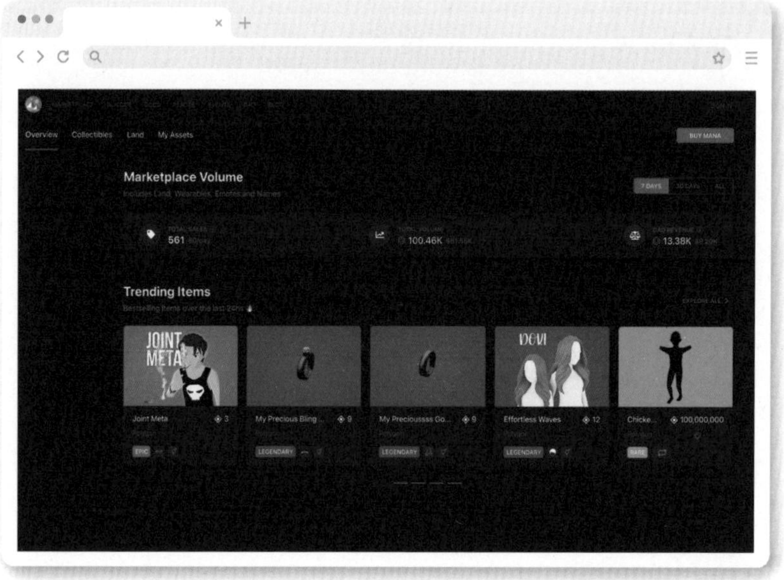

출처: 디센트럴랜드 공식 웹 사이트

디센트럴랜드는 가상현실과 블록 체인 기술을 결합한 온라인 플랫폼으로, 아이들이 창의적으로 표현하고 경험할 수 있는 가상 세계를 제공합니다. 이더리움 블록 체인 기반의 플랫폼에서, 아이들은 가상 토지를 소유하고, 개발하며, 다양한 활동을 할 수 있습니다.

디센트럴랜드에서는 아이들이 게임 만들기, 가상의 건물이나 조형물 짓기, 미술 갤러리 개설하기 등의 다양한 창의적 활동을 즐길 수 있습니다. 또한 이러한 활동을 통해 다른 사용자들과 협력하고 소통할 기회를 얻게 됩니다.

이 플랫폼의 경제 체계는 MANA라는 가상 화폐에 기반을 두고 있습니다. 아이들은 이 가상 화폐를 사용해 가상 토지를 구매하거나 다양한 아이템을 거래할 수 있으며, 이를 통해 경제 원리와 거래에 대한 이해를 기르게 됩니다.

디센트럴랜드의 가장 큰 특징은 사용자들이 플랫폼의 소유권과 통제권을 가진다는 점입니다. 이를 통해 아이들은 더 많은 창의력과 자유로움을 누릴 수 있으며, 독특한 가상 경험을 통해 다양한 역량을 발전시킬 수 있습니다.

그러나 디센트럴랜드와 같은 온라인 플랫폼에서는 부모들이 아이들의 활동을 적절히 지도하고 관리하는 것이 중요합니다. 아이들의 온라인 활동 시간을 적절히 조절하고, 블록 체인 기술 및 가상 화폐와 관련된 지식을 함께 공부하는 것이 좋습니다.

2. 로블록스(Roblox)

출처: 로블록스 공식 웹 사이트

로블록스는 온라인 게임 플랫폼으로, 사용자가 직접 게임을 만들고 다른 사람들이 그 게임을 즐길 수 있습니다. 이 플랫폼은 2006년에 시작되어, 지금은 전 세계적으로 인기를 얻고 있습니다. 로블록스는 무료로 이용할 수 있고, 가상 화폐인 '로벅스'를 사용해 게임 내 아이템을 구매할 수 있습니다.

우리가 주목해야 할 부분은 단순한 게임 플랫폼을 넘어, 아이들의 창의성 디지털 리터러시를 끌어올리는 도구로 로블록스를 활용할 수 있다는 점입니다.

로블록스에서 게임을 만들기 위해, 아이들은 루아 프로그래밍 언어를 배워야 합니다. 이를 통해 코딩 능력과 알고리즘적 사고력을 기를 수 있으며, 이는 차후 다양한 분야에 활용할 수 있는 중요한 기술입니다.

또한 로블록스를 통해 아이들은 협력, 팀워크, 커뮤니케이션 등의 소프트 스킬을 키울 수 있습니다. 게임 제작 과정에서 다른 사용자들과 함께 아이디어를 공유하고 협력해 프로젝트를 완성하는 경험을 통해, 아이들은 사회성과 협동심을 배울 수 있습니다.

로블록스 내에서 가상 캐릭터를 꾸미는 과정을 통해, 디자인 감각과 창의력을 기를 수도 있습니다. 게임 내 다양한 아이템을 활용해 독특한 스타일의 캐릭터를 만드는 것은 아이들의 창의력을 키우는 데 도움이 됩니다.

그러나 로블록스를 이용할 때 주의해야 할 점도 있습니다. 게임 내 사이버 폭력이나 부적절한 콘텐츠에 아이가 노출될 수 있으므로, 부모들은 아이들의 활동을 주기적으로 확인하고 올바른 인터넷 이용 방법을 교육해야 합니다.

3. 더 샌드박스(The Sandbox)

출처: 더 샌드박스 공식 웹 사이트

더 샌드박스는 크리에이티브한 가상 세계에서 자녀가 참여하고 만들 수 있는 블록 체인 기반 게임입니다. 이 게임은 복셀(Voxel)이라는 3D 픽셀 아트 스타일의 구성 요소를 사용해 사용자들이 자신만의 가상 세계를 만들고, 경험을 공유할 수 있게 해 줍니다.

더 샌드박스는 세 가지 주요 요소로 구성되어 있습니다.

- **복스에디트(VoxEdit)** 사용자들이 직접 3D 아이템과 캐릭터를 만들 수 있는 도구입니다.
- **마켓플레이스** 사용자들이 자신이 만든 아이템을 판매하고 다른 사용자들의 작품을 구매할

수 있는 온라인 상점입니다.

- **게임메이커** 사용자들이 만든 아이템들을 이용해 가상 세계에서의 게임을 제작할 수 있는 플랫폼입니다.

아이들은 복스에디트를 사용해 3D 객체를 만들고, 이를 게임에서 사용하거나 다른 사용자들과 거래할 수 있습니다. 이를 통해 아이들은 디자인과 애니메이션에 대한 기술을 향상하며, 디지털 자산의 가치와 거래에 대한 이해를 높일 수 있습니다.

더 샌드박스는 블록 체인 기술을 활용해 사용자들이 소유한 아이템에 대한 완전한 소유권을 제공하고, 이러한 아이템을 대체 불가 토큰(NFT) 형태로 거래할 수 있습니다. 이로써 아이들은 창의적인 작품을 만들고, 경제적 가치를 창출하는 경험을 얻을 수 있습니다.

그러나 부모들은 더 샌드박스와 같은 온라인 게임 환경에서 아이들의 온라인 안전에 주의를 기울여야 합니다. 게임 내에서 거래와 소통이 이루어지기 때문에 개인 정보 보호와 온라인 행동에 대한 지침을 아이에게 지도해야 합니다.

엄마, 메타버스 다녀오겠습니다!

메타버스는 교육 분야에서도 다양하게 활용할 수 있습니다. 예를 들어, 메타버스를 이용해 실제로 경험할 수 없는 장소나 상황을 가상으로 체험하도록 만들어 학생들로 하여금 더욱 생생한 이해를 돕습니다. 역사적인 사건이나 자연재해 등을 가상으로 체험하면서 학생들은 보다 몰입되는 학습 경험을 할 수 있습니다.

또한 메타버스 내에서는 가상 교실을 만들어 학생들이 서로 다른 문화와 배경을 가진 학생들끼리 소통하고 학습하는 환경을 제공할 수 있습니다. 인공지능과 결합해 맞춤형 학습 경로를 제공하거나 문제 해결 능력을 끌어올리는 게임을 제공하는 등 다양한 학습 경험을 줄 수 있습니다.

특히 실제로 체험하기 어려운 장소나 상황을 가상으로 체험하는 데 유용합니다. 예를 들어, 제2차 세계대전 당시의 유럽이나 아시아를 여행하며 역사적 사건을 체험하는 가상 여행이나, 이순신 장군의 해전을 거북선 위에서 직접 겪어 보는 가상현실 프로그램도 제공할 수 있습니다.

메타버스를 통해 아프리카, 북극 등 다양한 지역을 탐험할 수도 있습니다. 실제로는 가기 어려운 이 지역들을 가상으로 체험하면서, 문화나 지리 등에 대해 새로운 경험을 얻을 수 있습니다.

이러한 가상 체험을 통해 학생들은 역사나 지리, 문화 등 다양한 분야에서 더욱 생생하게 배울 수 있습니다. 또한 메타버스는 대화 방식으로 학생들끼리 정보를 공유하며 소통하는 기회도 제공합니다. 이를 통해 학생들은 문화와 배경이 저마다 다른 학생들과 함께 공부하고 소통하며, 새로운 시각과 경험을 얻을 수 있습니다.

또한 메타버스는 창작 활동을 할 수 있는 환경을 제공합니다. 학생들이 자신이 그린 디지털 아트를 가상의 갤러리에 전시하거나, 가상의 밴드를 만들어 음악을 연주하는 등의 창작과 관련된 활동을 할 수 있습니다.

미래에는 메타버스가 학교, 평생교육, 기업 교육, 개인 발전 등의 다양한 분야에서 활용될 것으로 예상됩니다. 초·중등학교에서는 마인크래프트와 로블록스와 같은 게임 기반 메타버스 플랫폼을 사용해 대화식 학습 경험을 제공하고 있으며, 대학에서는 HMD(Head Mounted Display: 머리에 착용하는 디스플레이 장치)를 사용한 가상현실 프로그램이 현장 훈련과 의료 교육에 활용되고 있습니다.

메타버스를 교육에 활용함에 따라 학생들은 전통적인 교실 환경에서는 불가능한 몰입적인 학습 경험과 대화식 학습 기회를 얻을 수 있습니다. 그러나 VR 헤드셋(HMD)이나 고성능 컴퓨터 등 필수 장비 구매에 따른 공평하지 않은 교육 기회, 중독성과 대면 상호 작용 부족 등의 윤리적 문제, 그리고 상대방의 신원을 확인할 수 없는 익명성으로 인한 범죄 가능성 등이 있으므로 주의를 기울여야 합니다.

따라서 부모는 아이들에게 인터넷상에서 안전하게 활동하는 행동 방법과 개인 정보 보호 방법 등을 가르쳐 주고, 메타버스에서의 행동을 모니터링할 필요가 있습니다.

메타버스는 아이들이 현실 세계와 혼동할 위험성이 있는 데다, 가상 세계에서만 친구를 사귀고 현실 세계에서는 소통과 교류를 제대로 하지 못하게 될 가능성도 간과할 수 없습니다. 메타버스에서 자신이 원하는 세상에 빠져서 중독성을 느끼고 현실 세계를 잊는 위험성도 있습니다.

이러한 문제를 해결하기 위해서는 메타버스 내에서도 신원 확인과 관련된 보안 체계가 강화되어야 하며, 메타버스 내에서 경험과 현실 간의 구분을 명확하게 해 주는 지침과 교육이 필요합니다. 또한 부모는 아이들이 메타버스에서 보내는 시간을 제한하고, 현실 세계에서도 소통과 교류에 소홀하지 않도록 유도해야 합니다.

▶ 메타버스 활용 학습 실제 사례

장기초등학교 메타버스 VR 안전 지도 박람회

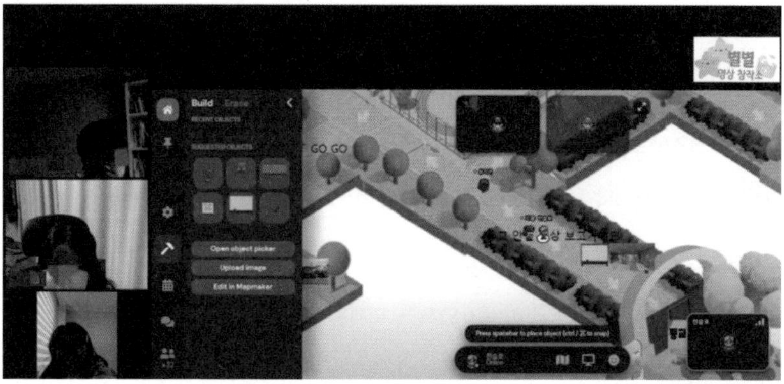

출처: 장기초등학교 유튜브

시흥시 장기초등학교는 메타버스의 잠재력에 주목해 교육 혁신을 추구하고 있습니다. 한눈에 보기에는 마치 게임을 하는 것처럼 보이지만, 이 화면은 사실 장기초등학교 학생들이 가상 교실에서 온라인 수업을 진행하는 모습입니다. 실제 학교의 구조를 반영한 메타버스 교실에서 학생들은 도서관, 음악실, 방송실 등 다양한 공간을 이용하며 선생님과 동료 학생들과 교류할 수 있습니다. 이 가상 공간에서는 캐릭터가 서로 가까이 다가가야만 대화를 나눌 수 있는 등, 메타버스 교실이 현실 세계의 공간 개념을 그대로 적용하고 있다는 특징이 있습니다. 이를 통해 학생들은 실제 학교와 유사한 환경에서 교육을 받으며, 더 다양한 교육 경험을 쌓을 수 있습니다.

장기초등학교 학생들에게 메타버스 교실은 특별한 의미를 지니고 있습니다. 학생들이 작은 아이콘들을 직접 배치해 만든 가상 공간들로 구성되어 있기 때문입니다. 선생님들이 '메타버스 교실 만들기' 수업을 통해 학생들을 가르치고 지원하면서, 학생들은 메타버스 공간을 스스로 제작하고 운영하며 적극적으로 참여하게 됩니다. 최근에는 '안전 맵 VR 지도' 제작 프로젝트를 통해 메타버스와 현실을 연결하는 교육을 진행하고 있습니다.

학생들은 오프라인에서는 구현하기 어려웠던 아이디어나 행동들을 메타버스에서 자유롭게 실현할 수 있습니다. 장기초등학교 이진명 교사는 이러한 면에서 메타버스 교실이 학생들이 새로운 자아를 찾고 표현하는 도구가 될 것이라고 말합니다.

코로나19의 여파로 메타버스 수업 운영을 시작한 장기초등학교는 처음에는 학생들에게 메타버스 체험을 제공하는 것이 목표였지만, 이제는 온라인 학교와 비교해 높은 몰입감과 독특한 경험을 제공하는 메타버스 교실이 더 나은 교육 환경을 조성하고 있다는 사실을 확인하고 있습니다. 이를 통해 학생들에게 효과적인 교육 경험을 제공하고자 하는 노력이 지속되고 있습니다.

출처: 교육부 블로그, '메타버스 교육현장을 바꾸다'
(https://if-blog.tistory.com/13094)
장기초등학교 유튜브(https://www.youtube.com/watch?v=OXT_1Gg8pfE)

아이가 '헛것'을 봅니다

VR은 '가상현실(Virtual Reality)'의 약자로, 가상으로 만든 세계에서 실제처럼 체험할 수 있게 해 주는 기술입니다. 예를 들어, VR 기기를 착용하면 가상으로 만든 숲이나 도시, 게임 세계 등 마치 다른 세상에 있는 듯한 경험을 생생하게 체험할 수 있습니다.

AR은 '증강현실(Augmented Reality)'의 약자로, 우리가 보는 현실 세계에 컴퓨터 그래픽이나 정보를 더해서 새로운 경험을 제공하는 기술입니다. 예를 들어, 스마트폰으로 AR 앱을 실행하면 카메라로 보는 화면 위에 가상의 물체나 글씨, 그림 등을 추가해서 새로운 경험을 할 수 있습니다.

가상현실과 증강현실은 이미 수년 전부터 시중에서 많이 언급되었지만, 아직 대중적으로 널리 보급되지 않은 상태입니다. 초기의 VR과 AR 기술은 완전하지 않았고, 사용자들에게 만족스러운 경험을 제공하지 못했습니다.

또한 VR과 AR 기기의 가격이 높아서 일반 소비자들이 구매하기 어려웠으며, VR과 AR을 활용한 콘텐츠도 부족해 관심을 가지기 힘든 것이 사실이었습니다. 이러한 문제 말고도, 일부 사용자들이 VR과 AR 기기 사용 중 멀미, 두통 등의 건강 문제를 경험했기 때문에 대중화가 더디게 이루어졌습니다.

하지만 최근에는 기술 발전과 함께 가상현실과 증강현실 기기의 가격이 점차 내려가고 있는 데다 시각적인 성능도 많이 개선되어 앞으로 더 많은 사람이 이 기술을 경험할 가능성이 커지고 있습니다.

가상현실이 일상에 본격적으로 활용되면 다음과 같은 풍경이 펼쳐질 수 있습니다.

교육 VR과 AR을 활용해 교육의 질을 끌어올릴 수 있습니다. 학생들은 가상 환경에서 실제와 같은 실험을 해 보거나 역사적인 사건을 직접 체험하는 등의 학습을 통해 이해력을 높일 수 있습니다.

의료 의료 분야에서는 VR과 AR을 활용해 원격 진료를 제공하거나, 의료진의 교육과 훈련을 지원할 수 있습니다.

여행 가상 여행을 통해 집에서도 원하는 목적지를 방문하고 체험할 수 있어서 여행 비용과 시간을 절약할 수 있습니다.

엔터테인먼트 게임, 영화, 음악 등 다양한 엔터테인먼트 분야에서 VR과

AR 기술이 활용되고 있는데, 이를 통해 사용자들은 콘텐츠를 더욱 몰입감 있게 즐길 수 있습니다.

쇼핑 가상 현실과 증강 현실을 활용한 가상 쇼핑몰이 생겨날 수 있습니다. 이를 통해 소비자들은 제품을 시착하거나 실제 오프라인 상점처럼 체험할 수 있어서 온라인 쇼핑의 편리함과 현실적인 경험을 동시에 누릴 수 있습니다.

원격 근무 VR과 AR 기술을 통해 원격 근무 환경을 개선할 수 있습니다. 직원들은 가상 회의실에 모여 회의를 진행하거나, 현장에서 일하는 것처럼 업무를 수행할 수 있습니다.

건축 및 인테리어 디자인 건축가와 인테리어 디자이너는 가상 현실을 통해 건물이나 공간을 미리 시뮬레이션하고, 수정 사항을 즉시 적용할 수 있습니다. 이를 통해 더 효율적인 디자인 프로세스를 구축할 수 있습니다.

운동 및 피트니스 앞으로 운동 분야에서도 VR과 AR 기술을 활용한 운동 프로그램이 인기를 얻을 것입니다. 사용자들은 집에서도 가상의 피트니스 클래스에 참여하거나, 다양한 운동 환경에서 운동을 즐길 수 있습니다.

가상현실(VR)과 증강현실(AR)은 특히 교육 분야에서 혁신적인 매체로 인식되고 있습니다. 이들 기술은 상호 작용적이고 매력적인 학습 경험을 제공함으로써 학생들이 더욱 적극적으로 학습에 참여하고, 개념을 더욱 명확하게 이해할 수 있도록 도와줍니다.

먼저, VR과 AR은 학생들이 가상 환경에서 몰입형 학습 경험을 할 수 있도록 돕습니다. 이러한 경험을 통해 학생들은 복잡한 개념을 쉽게 시각화하고, 역사적 사건을 체험하거나, 3D 모델과 상호 작용할 수 있습니다. 이는 개념의 이해도를 높이고, 정보의 보존을 향상하는 데 큰 도움이 됩니다.

또한 VR과 AR은 학생들이 시뮬레이션 및 상호 작용 경험을 통해 실습 학습을 할 수 있는 기회를 제공합니다. 학생들은 가상 수술실에서 수술 과정을 연습하거나, 가상 실험실에서 실험을 진행하거나, 가상 환경에서 구조물을 설계하고 제작할 수 있습니다. 이러한 경험은 학습을 개선할 뿐만 아니라, 안전하고 제어된 환경에서 실용적인 기술을 발전시키는 데도 도움이 됩니다.

VR과 AR은 협업과 사회적 학습을 촉진하는 기회가 될 수 있습니다. 다른 장소에 있는 학생들을 연결하거나 공유 가상 환경에서 함께 작업할 수 있기 때문입니다. 이러한 기술은 팀워크와 의사소통 기술을 발전시키는 학생 간 상호 학습, 그룹 프로젝트 및 기타 협력적인 활동을 지원할 수 있습니다.

이와 함께 VR과 AR은 학생 개인의 요구와 선호도에 맞춘 맞춤형 학습 경험을 제공할 수 있습니다. AI와 다른 적응형 기술을 통합해 자신의 속도로 가상 수업을 진행하고 실시간 피드백을 받으며 선호하는 학습 스타일로 주제를 탐구할 수 있습니다.

이러한 기술은 육체적 장애나 학습 차이를 가진 학생을 포함해 다양한 필요를 가진 학생들에게 교육을 더욱 접근적이고 포용적으로 만들어 줄 수 있습니다. 시각적이거나 청각적인 표현과 같은 정보 접근의 대안적인 방법을 제공함으로써 개인의 필요에 맞게 맞춤형으로 조정할 수 있습니다.

따라서 VR과 AR 기술은 몰입적이고 상호 작용성이 뛰어난 학습 경험을 제공해 교육을 혁신할 만한 잠재력이 있다고 볼 수 있습니다. 이러한 기술을 활용하면 교육자들은 더욱 효과적이고 포용적인 학습 환경을 만들어 학생들이 급변하는 세상에서 성공하도록 준비할 수 있습니다.

▶ 미국의 증강현실(AR) 기술 교육 사례

매직리프(Magic Leap) 유튜브

출처: 매직리프(Magic Leap) 유튜브

초등 · 중등 교육에서의 AR 활용 사례로는 매직리프의 증강현실 프로젝트가 있습니다. 매직리프는 미국의 AR 스타트업으로, 증강현실 콘텐츠를 개발해 학생들에게 교육적 가능성을 보여 주는 데 주력하고 있습니다. 예를 들어, 학교 농구장 바닥에서 고래가 튀어 오르는 거대한 AR 콘텐츠를 통해 학생들은 평소에 접하기 어려운 고래의 모습을 생생하게 관찰할 수 있게 됩니다.

고등교육에서의 AR 활용 사례로는 미국 위스콘신대학교 매디슨캠퍼스의 상황 다큐멘터리 증강현실 프로젝트가 있습니다. 이 프로젝트에서 학교는 '다우데이(Dow Day)'라는 일종의 상황 다큐멘터리를 제작해 학생들에게 제공했습니다. 학생들은 1967년 베트남 전쟁에 반대한 학생 시위 '다우데이 프로테스트(Dow Day Protest)'와 관련된 디지털 콘텐츠를 AR

기술로 관람할 수 있게 됩니다.

이 밖에도 증강현실 기술을 이용해 책 속의 그림이나 사진을 3차원 가상 객체로 변환하거나, 카드나 종이, 카펫 등의 이미지를 팝업시켜 실제적인 관찰과 이해를 돕는 기술들이 활발히 활용되고 있습니다. 이러한 기술들이 교육과정에 더욱 융합되면서 깊이 있는 학습이 가능해질 것으로 기대됩니다.

나만 보는, 인공지능

기존의 교육 방식에서는 모든 학생이 같은 시간, 같은 방식으로 교육을 받아 왔습니다. 그러나 이는 학생 개개인의 성향과 학습 속도를 고려하지 않은 방식으로, 학생들이 더욱 효과적으로 학습할 방법이 되지 못했습니다.

하지만 AI 기술은 학생 개개인의 학습 상황을 분석해 맞춤형 교육을 제공할 수 있습니다. AI는 학생의 학습 속도, 성향, 강점, 약점 등을 파악하고, 그에 맞춰 최적의 학습 계획을 제공할 수 있습니다. 이렇게 하면 학생들은 더욱 효과적인 학습을 할 수 있으며, 개인 맞춤형 교육이 가능해집니다.

또한 AI는 학생들의 학습 과정에서 피드백을 제공할 수도 있습니다. 학생이 틀린 문제나 이해하지 못한 개념을 AI가 즉각적으로 피드백해 주어 학생이 더욱 빠르게 학습할 수 있도록 돕습니다.

이처럼 AI를 활용한 맞춤형 교육은 마치 일대일 교사와 같은 효과를 낼 수 있습니다. 학생 개개인의 특성을 고려해 최적의 학습 방법을 제공하면서 더욱 효과적인 학습을 가능하게 합니다.

맞춤형 학습은 학생들에게 가장 필요한 지원에 집중함으로써 교육 자원을 더욱 효율적으로 활용할 수 있게 합니다. 또한 학생, 교사, 부모 간의 의사소통과 협업을 촉진해 학생의 교육 여정을 지속적으로 지원하며, 교육의 격차를 줄이는 데에도 도움이 됩니다. AI 기반 시스템은 다양한 교육 환경과 학생들의 다양한 요구에 맞추어 확장 가능하며, 교사는 더욱 매력적이고 효율적이며 포용적인 학습 환경을 조성해 미래를 준비하는 학생들을 지원할 수 있습니다.

영어나 수학과 같은 학문 분야에서도 맞춤형 학습은 매우 유용합니다. 예를 들어, 영어 학습에서는 학생들이 영어의 어휘, 문법, 발음 등에서 어려움을 느끼는 부분을 식별해 해당 분야에 대한 보다 집중적인 학습을 할 수 있도록 도와줍니다. 또한 학생의 학습 스타일과 관심사에 맞게 학습 콘텐츠를 제공함으로써 학생들이 흥미를 가지고 학습할 수 있도록 돕습니다.

마찬가지로 수학에서도 맞춤형 학습이 가능합니다. 학생이 수학에서 어려움을 느끼는 부분을 파악해 해당 내용을 개별적으로 지원함으로써 학생들이 수학적인 개념과 문제 해결 능력을 키울 수 있습니다. 또한 학생의 학습 스타일과 선호도에 따른 수학 학습 콘텐츠에 적응하게 함으로써 학생들의 수학에 대한 관심과 참여도를 높일 수 있습니다.

맞춤형 학습은 입시 준비에도 유용합니다. 입학시험은 대개 광범위한 과목 범위를 다루기 때문에, 학생들은 시간을 효율적으로 활용해 여러 과목을 공부해야 합니다. 맞춤형 학습은 학생들이 수험 과목의 각 부분을 평가해 개별적으로 분석하고, 약점을 보완하고 강점을 강화할 수 있는 학습 경로를 제공합니다. 이를 통해 학생들은 과목을 전반적으로 이해하는 것이 아니라, 개별 요소들을 효율적으로 학습할 수 있어 입시 준비에 효과적입니다. 또한 맞춤형 학습은 학생들의 진행 상황을 실시간으로 추적하고 평가할 수 있어, 입시 전략을 조정하는 데도 도움이 됩니다.

▶ 미국의 AI 기반 교육

미국 애리조나주립대학교는 교육 혁신 분야에서 선두를 달리며, 에드플러스(EdPlus)라는 혁신 교육 전담 부서를 운영하고 있습니다. 이 부서는 온라인 교육 및 새로운 교육과정 모델 개발을 주도하고 있으며, 대학 내부에서 대량 개별화로 나아가는 것을 목표로 삼고 있습니다.

에드플러스는 바이오스파인(BioSpine)이라는 능동 및 맞춤 학습 모델을 개발해 생물학 전공 수업에 적용하고 있습니다. 바이오스파인은 인공지능과 머신 러닝 기술을 활용해 대학생들에게 개별화된 교육과정을 제공하는 프로그램입니다. 이 프로그램은 세 가지 부분에서 대학 전공 과정과 차별화되어 있습니다.

첫째로, 학생들은 수업 내용, 난이도, 추가적인 지도 등에 대한 의견을 공유할 수 있으며, 이를 바탕으로 어떤 수업을 수강할지를 결정할 수 있습니다. 이는 학생들이 자율적으로 전공 과정을 이어 나가게 하고, 책임감을 높이는 데 도움이 됩니다.

둘째로, 전공 수업 간의 연관성이 있습니다. 각 전공 수업의 학습 목표와 수업 내용이 차례로 연결되어 있으며, 학과에서는 난이도에 따른 강의 수강 순서를 제공합니다. 이는 학생들이 자신의 학습 진도와 성과에 맞게 학습할 수 있게 도와줍니다.

셋째로, 바이오스파인은 알고리즘으로 개발되고 구성된 프로그램입니다. 이를 통해 개별 학생들에게 최적의 학습 내용을 제공하며, 해마다 새로운 학생들이 입학하면 새로운 데이터가 쌓이고, 교육과정도 계속해서 달라지게 됩니다. 교수들도 바이오스파인 교육과정을 시행함으로써 개별 학생들의 학습 성취도 데이터를 실시간으로 확인할 수 있습니다. 이를 통해 학기 동안 개별 학생들의 수준을 파악해 수업 이해도를 확인하고 보강해야 할 부분에 대한 데이터를 교육과정 시스템에서 확인할 수 있습니다.

바이오스파인 교육과정을 적용한 결과, 학생들의 학업 성취도와 중도 탈락률이 크게 개선된 것으로 나타났습니다. 기초 생물학 수업에서는 통과율이 22퍼센트 증가하고 중도 탈락률은 90퍼센트 이상 감소한 것으로 나타났으며, 이후 16개 이상의 생물학 전공과목에서도 개별화 학습 과정이 적용되어 학생들이 더욱 쉽게 단계별 수업을 이수할 수 있었습니다. 이러한 바이오스파인 교육과정은 대학의 교육과정 혁신과 과학 분야에 대한 시사점을 제공합니다. 개별 대학에 부여되는 자율성을 활용해 사기업과의 협업을 통해 개발된 인공지능 기술을 대학의 교육과정에 적용함으로써 전반적인 대학의 혁신을 가속화했습니다.

출처: 한국교육개발원, 〈교육개발〉 2023년 봄 호,
권지혜(미국 서던캘리포니아대학교 연구원), '애리조나 주립대학 인공지능 기반' 교육과정

문송하지만 STEM입니다

STEM 교육은 과학(Science), 기술(Technology), 공학(Engineering), 그리고 수학(Mathematics)을 일컫는 말로, 현대 교육에서 매우 중요한 트렌드가 되었습니다. 과거의 교육 체제에서는 문과와 이에 해당하는 분야에 대한 진로를 선택하는 학생들이 수학이나 자연과학 분야를 피하는 경향이 있었습니다. 이러한 기피 현상은 현재의 기술 중심 사회에서는 약점으로 작용할 수 있습니다.

특히 아이들이 살아갈 환경에서는 STEM 원리를 이해하는 것이 매우 중요합니다. 이는 미래 사회에서 기술적인 역량이 매우 중요한 요소가 될 것이기 때문입니다. 이를 위해 교육 체제에서는 문과 분야뿐만 아니라 공학과 과학 분야에 대한 이해도를 높이는 교육이 필요합니다. 이를 통해 학생들은

STEM 분야에 흥미와 이해도를 높일 수 있으며, 미래의 성장 산업과 기술에 대한 이해도를 높여 미래를 더욱더 잘 준비할 수 있을 것입니다.

STEM 통합 교육의 목표는 학생들이 창의적 문제 해결, 협력, 비판적 사고, 그리고 기술 활용 능력을 키워 미래 사회에서 경쟁력을 갖출 수 있도록 하는 것입니다.

과학과 기술의 발전으로 우리의 삶은 많은 변화를 겪고 있습니다. 예를 들어, 스마트폰과 인터넷은 우리의 일상생활에 혁명과도 같은 변화를 가져왔습니다. 또한 로봇과 인공지능 기술은 생산성을 높이고 산업 혁신을 이루는 데 기여하고 있습니다.

STEM 교육의 대표적인 방식은 다음과 같습니다.

문제 중심 학습(Problem-Based Learning, PBL) 학생들이 현실에서 접할 수 있는 복잡하고 비정형화된 문제를 해결하기 위해 과학, 수학, 공학 등의 학문적 지식을 활용하는 학습자 중심의 학습 방법입니다.

프로젝트 기반 학습(Project-Based Learning, PrBL) 학생들이 주제별 팀을 구성해 자신의 프로젝트를 계획하고 실행해 나가는 과정에서 전공 지식과 협력 능력을 함께 배우는 등 문제 해결 능력을 끌어올리는 학습 방법입니다.

실험 학습(Experiment-Based Learning, EBL) 학생들이 실험을 통해 과학적인 현상에 관해 직접 체험하고 배우는 학습 방법입니다.

게임 기반 학습(Game-Based Learning, GBL) 학생들이 게임을 통해 문제 해결 능력, 협력 능력, 창의성 등을 함께 배우는 학습 방법입니다.

다음은 STEM 교육의 대표적인 우수 사례들입니다.

FIRST 로보틱스 대회(FIRST Robotics Competition, FRC) FRC는 고등학생들이 로봇을 만들어 다양한 작업을 수행하는 국제 대회입니다. 매년 변경되는 게임과 작업을 통해 학생들은 6주 동안 로봇을 만들어 경쟁합니다. 표준 부품 키트를 사용하되, 특수 부품을 구매하거나 제작하는 것이 허용됩니다. FRC는 학생들이 과학과 기술의 리더가 되도록 영감을 주는 것을 목표로 합니다. 2022년에는 26개국에서 8만 명 이상의 학생들과 2만 5000명의 멘토가 참여했으며, 주요 참가 국가로는 미국, 캐나다, 터키, 멕시코, 이스라엘, 중국, 오스트레일리아 등이 있습니다.

프로젝트 리드 더 웨이(Project Lead The Way, PLTW) PLTW는 과학, 기술, 공학, 수학(STEM)을 포함한 혁신적인 프로젝트 기반 학습 프로그램입니다. 이 프로그램은 학생들이 현실 세계의 문제를 해결하면서 필요한 기술을 개발할 수 있도록 돕습니다. 학생들은 흥미롭고 도전적인 방식으로 다양한 과제를 수행하게 됩니다. PLTW는 문제 해결 능력, 비판적 사고, 혁신과 도전 정신을 기르는 데 초점을 맞춥니다. 이 프로그램은 학생들이 급변하는 세계경제에 대비할 수 있도록 지원합니다.

싱가포르의 수학 마스터링 접근법(Singapore's Math Mastery Approach)

싱가포르 수학 방법은 1980년대에 개발된 효과적인 교수법으로, 전 세계에 널리 채택되어 있습니다. 이 방법은 개념의 순차적 배열에 초점을 맞추어 학생들이 수학적 사고를 배울 수 있게 합니다. 주요 특징으로는 CPA 접근법, 숫자 결합, 막대 모델링, 정신적 수학이 있습니다. 학생들은 고급 수학에서 성공할 수 있다는 자신감과 도전 의식을 키울 수 있습니다. 싱가포르는 국제 수학 시험에서 일관되게 상위권에 위치하며, 이 교수법은 수학에 대한 깊은 이해를 제공합니다.

일본 타마가와 로봇 챌린지 프로젝트(Tamagawa Robot Challenge Project, TRCP) 일본은 과학과 첨단 기술 지향 국가로 잘 알려져 있습니다. 교육 분야에서 STEM의 중요성은 부인할 수 없으며, 타마가와아카데미는 STEM을 강화하는 다양한 활동을 추진합니다. TRCP는 유치원부터 대학원까지 타마가와아카데미 전체의 교육 수준에서 일관된 STEM 교육을 실현하기 위한 프로젝트입니다. 학생들은 로봇 경진 대회에 참여하며 STEM 기술을 연마하고 평가받습니다. 타마가와아카데미의 학생들은 일본에서 열린 로봇 경진 대회(RoboCup)에서 높은 성적을 거두기도 했습니다.

한국에서도 STEM 교육이 점차 중요시되고 있습니다. 한국에서는 STEM에 아트(Art)를 더해 STEAM이라고 부르며, 학교별로 다양한 사례를 개발해 발전해 나가고 있습니다.

▶ 한국의 STEAM 교육

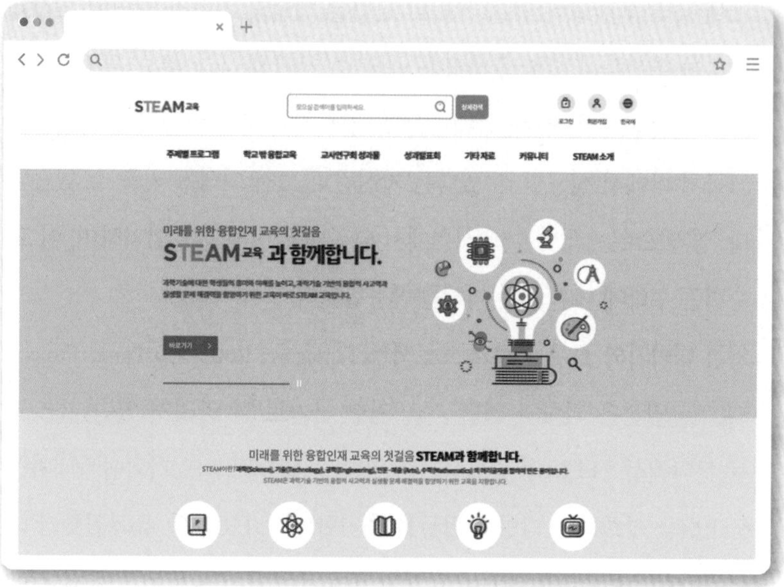

출처: 한국과학창의재단 STEAM 교육 웹 사이트

교육부는 2015년과 2022년 개정 교육과정을 통해 융합형 인재와 소질 함양을 강조하며, 다양한 융합 교육 정책을 시행하고 있습니다. 2022 개정 교육과정에서 가장 눈에 띄는 변화 중 하나는 초등 · 중등 소프트웨어(SW) · 인공지능(AI) 교과 시수의 확대입니다. 초등 · 중등 SW · AI 교육을 필수로 만들어, 초등 · 중등 정보(실과) 교과 시수를 기존보다 2배 이상 늘립니다. 이에 따라 정보 과목 수업을 초등학생은 34시간 이상, 중학생은 68시간 이상 듣게 됩니다.

초등학교와 중학교 정보 교육은 SW 교육을 바탕으로 AI · 빅데이터 등 첨단 디지털 혁신 기술을 이해하고 활용하는 방향으로 바뀌며, 초등학교에서는 언플러그드 활동으로 문제 해결 절차를 이해하고 블록 코딩 등으로 구현하는 수업을 진행합니다. 중학교 과정에는 컴퓨팅 사고 과정 이해와 실생활 중심 AI 윤리 등의 내용이 포함됩니다. 고등학교에서는 정보 과목과 진로 선택 과목에 더해 '인공지능 기초', '데이터 과학', '소프트웨어와 생활' 등의 과목이 추가됩니다.

또한 매체 활용 능력을 키우기 위해 초등학교와 중학교 국어에 '매체' 영역이 신설되고, 고등학교 국어에는 선택 과목으로 '문학과 영상', '매체 의사소통' 등이 개설됩니다. 교육과정에서는 교수 학습과 평가 체제도 디지털 시대에 부합하는 방향으로 바뀝니다. 교육부는 원격 수업, 디지털 기반을 활용한 다양한 교육 방식 현장 안착을 위해 교육과정 지원 체제를 구축하며, 온 · 오프라인 특성에 맞는 교육과정을 편성 · 운영하도록 총론과 교과 교육과정에 근거를 마련하고, 에듀테크를 활용한 다양한 방식의 교수 · 학습 및 평가 체제를 구축합니다.

한국과학창의재단에서는 STEAM 교육을 강화하기 위해 다양한 사업을 추진하고 있습니다. 학교 대상 사업으로는 STEAM 선도 학교, 학교 내 '무한상상실' 등이 있습니다. STEAM 선도 학교는 학교 교육과정에 STEAM 교육을 폭넓게 적용하고 현장 확산을 위한 STEAM 학교 모델을 구축합니다. 학교 내 무한상상실은 학생들이 창의적인 아이디어를 구현하고 자기 주도적 학습 능력을 기르는 공간을 구축합니다.

교사 대상 사업으로는 STEAM 교육 국내외 연수, STEAM 우수 프로그램 공모 대회, STEAM 교사 연구회 등이 있습니다. 이는 교사들의 STEAM 교육 역량을 함양하고 우수한 프로그램을 발굴하고 확산하는 것을 목표로 합니다.

학교 밖 사업으로는 학교 밖 융합 교육 체험 프로그램 운영, STEAM 교육 프로그램 개발 등이 있습니다. 기업, 연구소 등 전문 인프라와 인력을 갖춘 기관을 지원해 초등 · 중등학교 학생이 방문해 체험할 수 있는 STEAM 교육 체험 프로그램을 운영하고, 분야 전문가들이 협력해 학교 현장에서 교육 자료로 활용하기 적합한 주제 특화 프로그램을 연구 및 개발합니다.

STAEM 개발 프로그램과 교실에서의 적용 사례는 한국과학창의재단의
'STEAM 교육' 웹 사이트 참조(https://steam.kofac.re.kr)

ChatGPT

3

아이를 모르는 아빠
: 미래 아빠 패치

아빠, 도와주세요

과거에는 아빠들의 역할이 주로 가정의 경제적 책임을 지는 것이었고, 그 결과 가정과 육아에 대한 무관심이 합리화되기도 했습니다.

미래 시대의 아빠들은 변화하는 세상에 맞춰 자녀들에게 새로운 역할을 수행해야 합니다. 이러한 미래 시대에 요구되는 아빠의 역할 중 하나는 아이들의 호기심을 자극하며 더 나은 성장을 도모하기 위해 다양한 체험과 경험을 제공하는 것입니다.

특히 IT나 기술에 능숙한 부모들은 이러한 면에서 뛰어난 가이드가 될 수 있습니다. 그런 부모들은 자녀들에게 다양한 IT나 기술을 활용한 경험과 체험을 제공함으로써 아이들이 새로운 기술을 배우고 이해하는 데 도움을 줄 수 있습니다.

혁신적인 기술이 교육 현장에 도입되면서 아이들은 기술에 대한 흥미와 두려움을 동시에 느끼고 있습니다. 부모들은 기술을 비판적으로 평가하고, 활용 방법을 주도적으로 고민하며, 아이들이 두려워하지 않고 수용할 수 있도록 도와야 합니다. 또한 아이들이 디지털 범죄의 피해자나 가해자가 되지 않도록 항상 경계하고, 안전하게 사용하는 방법을 가르쳐야 합니다.

아이들이 가해자로서 범죄에 연루되는 것은 부모에게 더 큰 아픔을 안겨줄 수 있습니다. 따라서 부모들은 아이들의 활동에 주의를 기울이고, 아이들과 소통하며 정직하게 이야기할 수 있는 관계를 유지해야 합니다. 이러한 관계를 통해 아이들은 건강한 가치관을 가지고 성장할 수 있으며, 부모들도 함께 성장하게 됩니다.

부모들은 아이들이 다양한 경험을 쌓을 수 있도록 지원해 주어야 합니다. 그래야만 아이들이 새로운 것에 도전하고, 창의적인 아이디어를 생각하며, 자신의 역량을 발전시킬 수 있습니다. 이는 부모와 아이들이 함께 미래 시대를 두려워하지 않는 가족으로 성장하는 데 큰 도움이 됩니다.

또한 자신들의 역량 개발과 교육에도 주의를 기울여야 합니다. 부모들이 스스로 기술에 대한 이해를 높이고 변화하는 세상에 적응하는 방법을 배우면, 이를 아이들에게도 전달할 수 있습니다. 이렇게 함으로써 부모와 아이 모두 지속적인 성장을 경험하며, 미래의 도전에 대처하는 강인함을 기를 수 있습니다.

더불어 부모들은 미래 지향적이고 열린 마음을 가지고 아이들이 미래를 준비하는 과정에 참여해야 합니다. 이러한 자세는 아이들이 높은 자아 존중감과 자신감을 기르는 데 도움이 됩니다. 이는 아이들이 미래 사회에서 변화에 적응하고 성공하기 위한 원동력이 될 것입니다.

AI를 믿지 마세요

인포데믹스(infodemics)는 정보(information)와 전염병(epidemic)을 합성한 단어로, 정보의 과잉과 불균형, 거짓 정보와 소문 등이 전염병과 같이 빠르게 확산되는 현상을 말합니다. AI 기술은 이러한 인포데믹스 현상을 가속화할 수 있는 요소 중 하나입니다. 이는 소셜 미디어상에서 자동으로 가짜 뉴스를 생성하거나, 딥페이크 영상과 같은 조작된 멀티미디어 콘텐츠를 만들어서 더 많은 거짓 정보를 퍼뜨릴 수 있기 때문입니다.

AI는 데이터와 알고리즘을 기반으로 판단하고 예측하는데, 그 과정에서 불완전성이 발생할 수 있습니다. 이는 주로 편향된 데이터, 과적합, 그리고 알고리즘의 한계 때문입니다. 편향된 데이터가 학습에 사용되면, AI도 그러한 편향성을 가지고 판단하게 됩니다. 과적합은 학습 데이터에 지나치게 최적화되어 새로운 데이터에 대한 예측 능력이 떨어지는 현상입니다.

또한 AI 기술은 현재 인간처럼 상식이나 일반 지식을 바탕으로 한 추론 능력이 부족합니다. 이러한 이유로, AI는 예상치 못한 상황에서 잘못된 정보를 제공할 가능성이 있습니다. 인포데믹스의 위험성은 사회적 분열, 판단력 저하, 공공 안전 위협 등 다양한 측면에서 나타납니다. 이러한 문제를 해결하기 위해서는 AI 기술의 발전과 함께 거짓 정보 판별 능력을 키우는 교육이 중요합니다.

학교와 가정에서 미디어 리터러시를 강화하고, 아이들에게 온라인 정보를 비판적으로 평가하는 방법을 가르쳐야 합니다. AI 기술의 활용에 대해 적극적으로 대처하는 한편, 부모들과 교사들은 아이들에게 거짓 정보를 전달하고 판단력을 떨어뜨리는 인포데믹스 현상에 대해 지속적으로 관심을 가지고 아이들과 대화해야 합니다. 그래서 부모들이 아이들에게 AI의 잠재적 위험성과 윤리적 고려 사항을 이해시키는 것은 중요합니다.

이를테면, 온라인 학습 플랫폼에서 개인 정보가 유출되는 경우가 있을 수 있습니다. 학생들의 개인 정보를 수집하고 분석하는 학습 플랫폼이 있는데 이러한 플랫폼이 개인 정보를 보호하지 않고 해킹에 취약하다면, 학생들의 개인 정보가 유출될 수 있습니다.

또한 일부 학습 플랫폼에서는 광고나 제3자 서비스를 통해 수익을 창출하기도 합니다. 이 경우, 학생들의 개인 정보가 제3자에게 제공될 수 있습니다. 이러한 위험에 대해 학생들이 알고 적극 대처할 수 있도록 교육해야 합니다.

다른 예로, 학생들을 대상으로 한 인공지능 기반 학업 성취 예측 모델이 있다고 가정해 보겠습니다. 이 모델은 학생들의 성적, 출석 기록, 행동 기록 등을 분석해 학생들의 학업 성취 예측을 수행합니다. 그러나 이 모델이 학생들의 인종, 성별, 가정 배경 등과 같은 특성을 고려하지 않고 예측을 수행하면 편향적인 결과가 나올 수 있습니다. 예를 들어, 이 모델이 흑인 학생들에 대해 낮은 학업 성취 예측을 내놓는다면 이는 흑인 학생들을 차별하고 부당하게 평가하는 것이 될 수 있습니다.

또 다른 예로, 얼굴 인식 기술을 사용하는 CCTV 시스템이 있다고 가정해 보겠습니다. 이 시스템은 범죄자나 위험한 인물을 감지하고 식별하는 데 사용됩니다. 그러나 이 기술이 잘못된 판단을 내리면 무고한 사람들이 불필요하게 적발되거나, 오히려 범죄자들이 감지되지 않아 안전에 문제가 생길 수 있습니다.

이러한 문제들은 AI의 편향과 차별, 잘못된 의사 결정이 실제로 어떤 문제를 초래할 수 있는지를 보여 줍니다. 따라서 아이들은 AI가 가지는 이러한 문제들을 이해하고, AI가 가진 편향성을 인식하고 극복하는 방법을 배워야 합니다.

AI 기술을 사용하는 것은 우리 인간의 책임입니다. 그래서 우리는 AI를 사용할 때 어떤 일이 일어날지, 그리고 그것이 올바른 일인지 평가할 수 있는 능력을 갖추어야 합니다. 우리는 AI를 사용할 때 항상 윤리적으로 바른 방식으로 사용해야 하며, 이를 위해 아이들도 학습할 필요가 있습니다.

AI가 제공하는 정보에 대해서는 항상 비판적으로 검토하고, 맹신하지 않도록 아이를 가르쳐야 합니다. AI는 정보를 수집하고 분석하는 과정에서 오류를 범할 수 있습니다. 그 결과, 의학 정보나 약 정보, 역사나 도덕적 기준에 대해 잘못된 정보를 제공할 수 있습니다.

예를 들어, AI가 잘못된 의학 정보나 처방을 제공할 경우, 아이의 건강과 안전에 심각한 영향을 끼칠 수 있습니다. 잘못된 의학 처방을 받아 부작용이 발생하거나 치료가 지연될 경우, 이는 아이의 건강을 심각하게 해칠 수 있습니다.

또한 잘못된 법 지식을 가르치면 아이가 범죄를 부적절하게 이해하고 위험한 행동을 할 가능성이 있습니다. 예를 들어, 저작권 침해나 사생활 침해와 같은 법적 문제를 잘못 이해하고서 인터넷에서 불법적인 활동을 하거나 부적절한 내용을 공유하는 등의 위험한 행동을 할 수 있습니다.

따라서 AI가 제공하는 정보를 사용할 때는 항상 비판적으로 검토하고, 신뢰할 만한 정보인지 판단해야 합니다. AI가 만드는 정보는 완벽하지 않으며, 그것을 사용하는 인간이 모든 책임을 져야 함을 인식하고 있어야 합니다. 인간의 검토와 판단을 거쳐 의사 결정을 내리는 경우, 그에 따른 책임도 인간이 져야 합니다.

아이들은 비판적이고 올바른 정보 평가 방법을 배우고, AI가 제공하는 정보를 사용할 때 인간의 검토와 판단이 필요하며, 그 결정과 책임이 인간에게 있음을 인식해야 합니다. 이는 올바른 정보 사용 능력을 높이고 비판적인 시각을 갖추는 데에도 큰 도움이 됩니다.

패스 밸런스(Family-Screen Balance)

요즘은 디지털 기기를 사용하는 것이 일상적인 활동으로 자리 잡아 가고 있습니다. 디지털 기기를 활용해서 더 많은 정보를 얻고, 더 효율적으로 일을 처리하며, 더 많은 즐거움을 느끼는 것도 중요합니다. 하지만 현실 세계에서 가족과 소통하고 인생을 즐기는 것이 우선시 되어야 합니다.

가족과 함께 보내는 시간은 아이의 성장과 발전에 매우 중요한 역할을 합니다. 가족과의 활동은 아이의 자신감과 사회성, 인간관계, 공감 능력 등 다양한 면에서 긍정적인 영향을 끼칩니다. 따라서 가족들이 서로 대화를 나누고 함께 노는 시간을 충분히 가져야 합니다.

아이들은 현실 세계에서 일어나는 일들을 경험하면서 사회적 상황에서 적절한 대처 능력과 문제 해결 능력을 갖출 수 있습니다. 이러한 경험들은 반대로 디지털 기기를 효과적으로 활용하는 데에 도움이 됩니다. 디지털 기기를 사용하면서 인터넷에서 더 많은 정보를 얻는 것도 좋지만, 현실 세계에서 일어나는 일들을 경험하면서 현실 세계와 디지털 세계 모두에서 적극적으로 활용할 수 있는 기술을 배우는 것이 필요한 것입니다.

스크린 타임이란 디지털 기기를 사용하는 시간을 말합니다. 컴퓨터, 스마트폰, 태블릿, TV, 게임 콘솔 등이 모두 포함됩니다. 스크린 타임이 지나치게 많아지면 아이의 건강에 나쁜 영향을 끼칠 수 있습니다. 예를 들어, 눈 건강 문제, 체중 증가, 자세 문제, 수면 장애, 집중력 저하 등이 발생할 수 있습니다. 또한 인지 발달, 신체 활동, 사회적 상호 작용, 수면 등의 측면에서 문제가 발생할 수 있습니다.

따라서 스크린 타임과 현실 생활의 균형을 유지하는 것이 중요합니다. 부모는 아이가 건강한 생활 습관을 형성하도록 스크린 타임을 적절히 관리하고, 현실 생활에서도 다양한 경험을 할 수 있도록 지원해야 합니다. 이러한 노력은 아이가 성장과 발달을 건강하게 이룰 수 있도록 돕고, 장기적으로 아이의 건강한 삶을 지원하는 것으로 이어집니다.

부모는 아이들의 나이, 개별적인 상황, 디지털 기기의 사용 목적 등을 고려해 유연하게 조절하는 것이 좋습니다. 또한 디지털 기기를 사용하는 목적을 이해하고, 목적에 맞게 사용할 수 있도록 가이드하고, 대체 활동을 제공해야 합니다.

스크린 타임 조절 스크린 타임을 조절하는 것은 적절한 방법입니다. 하지만 일정한 시간을 정해 놓기보다는 아이들의 나이, 개별적인 상황, 디지털 기기의 사용 목적 등을 고려해 유연하게 조절하는 것이 좋습니다.

디지털 기기 사용 목적 인식 아이들이 디지털 기기를 사용하는 목적을 이해하고, 목적에 맞게 사용할 수 있도록 이끌어 주어야 합니다. 학습, 정보 검색, 소통 등의 목적에 따른 사용과 오로지 오락을 위한 사용을 구분하고, 필요한 경우 제한을 두는 것이 중요합니다.

대체 활동 제공 아이들이 디지털 기기에만 의존하지 않도록 다양한 대체 활동을 제공해야 합니다. 취미, 스포츠, 예술, 음악 등 다양한 분야에서 아이들의 관심을 끌 수 있는 활동을 찾아 지원해 주세요.

가족 활동 및 대화 가족들과 함께하는 시간을 통해 아이들은 디지털 기기 말고도 현실 세상과 소통하는 방법을 배울 수 있습니다. 가족 대화를 통해 아이들의 생각과 감정을 듣고, 그들에게 관심을 기울여 주세요.

실외 활동 및 사회적 상호 작용 아이들에게 실외 활동과 친구들과의 사회적 상호 작용을 격려해야 합니다. 이를 통해 아이들은 현실 세상에서의 소통, 협력, 문제 해결 능력 등을 배울 수 있습니다.

지나친 디지털 기기 사용은 성장기 아이의 뇌와 신체에 영향을 줄 수 있습니다. 따라서 디지털 기기 사용을 적절하게 관리하고, 균형 잡힌 생활을 유도하는 것이 중요합니다.

▶애플 스크린 타임

애플 기기에는 아이의 스크린 타임을 조절할 수 있는 '스크린 타임(Screen Time)' 기능이 내장되어 있습니다. 스크린 타임 기능을 사용하면 아이폰(iPhone), 아이패드(iPad), 또는 맥북(Macbook) 등의 사용 시간을 실시간으로 확인할 수 있습니다. 또한 이 기능을 사용해 앱이나 웹 사이트 등에서의 사용 시간을 파악하고 원하는 경우 시간제한을 설정할 수 있습니다.

스크린 타임 기능을 켜면 해당 기기에서의 앱 및 웹 사이트 사용 상황 보고서가 표시됩니다. 부모가 자녀의 기기에 설정하는 경우 해당 기기에서 스크린 타임을 설정하고 제어할 수 있으며, 사용자가 가족 공유를 통해 자녀의 기기를 구성한 경우에는 사용자의 기기에서 보고서를 확인하고 설정을 변경할 수 있습니다.

또한 스크린 타임에서 전용 암호를 생성해 설정을 보호할 수도 있습니다. 이 경우, 해당 암호를 알고 있는 사용자만 시간을 연장하거나 설정을 변경할 수 있습니다. 자녀의 기기에서 암호를 변경하거나 끄려면 '설정 → 스크린 타임'으로 이동해 자녀의 이름을 탭한 후 '스크린 타임 암호 변경' 또는 '스크린 타임 암호 끄기'를 탭하고 인증을 거쳐 변경합니다.

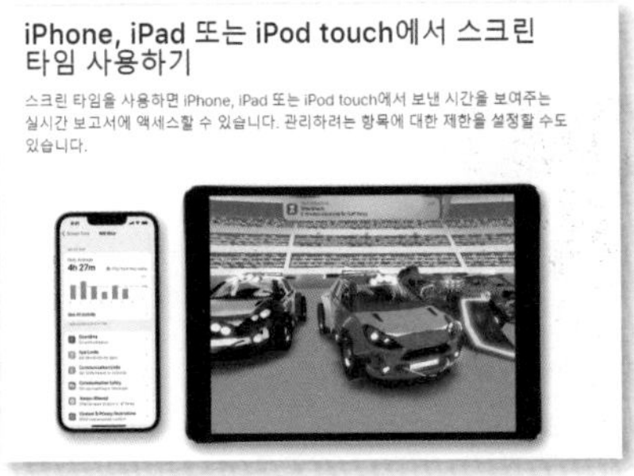

출처: 애플 홈페이지

▶구글 패밀리링크

안드로이드 기기에서는 '패밀리 링크(Family Link)' 앱을 사용해 아이의 스크린 타임을 조절할 수 있습니다. 구글 패밀리 링크를 사용하기 위해서는 먼저 자녀의 구글 계정을 생성하고, 이를 자녀의 스마트폰에 등록해야 합니다. 최근에는 구글 신규 계정 생성 시 생년월일을 입력하지 않으면 계정이 생성되지 않으며, 14세 미만 자녀의 경우 부모의 구글 계정과 연동하는 과정을 거쳐야 합니다.

패밀리 링크 앱은 부모와 자녀용으로 구분되어 구글 플레이 스토어에서 다운로드 할 수 있습니다. 자녀의 계정이 주 계정으로 등록된 스마트폰은 패밀리 링크 앱이 자동으로 설치되며, 이때 일부 기능이 제한됩니다.

설정이 완료되면 부모는 패밀리 링크의 다양한 기능을 통해 자녀의 스마트폰을 모니터링 및 제어할 수 있습니다. 위치 추적 기능과 이용 앱 현황을 통해 자녀가 있는 위치와 어떤 앱을 사용하는지 확인할 수 있으며, 일정 기간 사용한 앱 목록도 확인할 수 있습니다.

출처: 구글 홈페이지

나를 키운 건 알라딘286

중학생 시절, 아버지께서 사주신 '삼성 알라딘286' 컴퓨터는 저를 새로운 세계로 인도했습니다. 컴퓨터 게임을 시작으로 디지털 기기와 PC통신에 대해 알아 가고, 주변 친구들은 물론 익명의 친구들과도 활발하게 소통하게 되었습니다. 컴퓨터는 또래 세상을 이어 주는 좋은 매개체였지만, 한편으로는 음란물이나 폭력물 등 음지의 문화를 접하게 되는 통로이기도 했습니다. 심지어 친구의 성적표를 조작해 줬던 기억도 있습니다.

현재 우리의 아이들은 훨씬 더 많은 디지털 기기와 인터넷 환경에 노출되어 있습니다. 이러한 환경에 아이들을 무방비하게 방치하기보다는 적절한 디지털 리터러시를 갖추는 것이 중요합니다. 디지털 리터러시란 디지털 환경에서 정보를 찾고, 평가하고, 활용하는 능력을 말합니다. 이를 통해 아이들은 스스로 올바른 정보를 찾고 평가하며, 인터넷을 안전하게 이용할 수 있게 됩니다.

디지털 리터러시를 갖추려면 디지털 세계에서 어떤 일이 일어나는지, 어떻게 작동하는지를 이해하는 것이 중요합니다. 또한 인터넷에서 참고하는 정보들이 어떻게 만들어졌는지, 그 정보의 출처와 신뢰도를 파악하는 것도 중요합니다. 아이들에게 디지털 세상에서 안전하게 활동하는 방법을 가르쳐 주어야 하는 것입니다.

보다 광의의 디지털 리터러시는 디지털 기술, 플랫폼 및 리소스를 효과적으로 사용하고, 이해하고 평가하는 능력을 말합니다. 기본적인 컴퓨터 사용 능력부터 인터넷 검색, 온라인 통신, 정보 관리, 온라인 안전, 디지털 도구와 소프트웨어를 활용한 창작과 협업 등 다양한 능력을 포함하고 있습니다.

디지털 리터러시는 현대사회에서 꼭 갖춰야 할 자질로 인식되며, 학교부터 직장까지 다양한 분야에서 요구되는 역량 중 하나입니다. 디지털 리터러시를 갖춘 사람은 빠르게 변화하는 디지털 기술과 환경에 적응하고, 기술을 생산적으로 활용할 수 있으며, 온라인에서 안전하게 활동할 수 있게 됩니다.

올바른 디지털 리터러시 교육을 통해 개인과 사회는 효율적인 정보 획득, 통신, 문제 해결, 창의력 발휘, 협업 등의 능력을 키울 수 있으며, 디지털 기술에 대한 이해를 바탕으로 안전하고 책임감 있는 온라인 활동을 추구할 수 있습니다.

아이들의 디지털 리터러시를 향상하기 위해서는 다양한 방법이 있습니다. 먼저, 컴퓨터를 이용해 창작 활동을 할 수 있는 방법을 가르쳐 줌으로써 아이들에게 창의성과 기술적 사고력을 함께 키워 줄 수 있습니다.

또한 디지털 미디어를 통해 접하는 정보를 평가하는 방법을 가르쳐 주어 아이들이 가짜 뉴스나 광고 등을 구별하고, 신뢰성 높은 정보를 파악할 수 있도록 훈련하는 것이 필요합니다.

디지털 환경에서 아이들의 개인 정보가 어떤 시점에 유출되거나 악용될 수 있는지를 가르치고, 안전한 온라인 활동 방법을 습득하도록 지도해야 합니다. 이를 통해 아이들이 디지털 환경에서 안전하고 건강한 생활을 할 수 있도록 돕는 것이 무엇보다 중요합니다.

또한 코딩이나 프로그래밍 교육 등으로 아이들이 디지털 기술을 보다 가치 있게 활용할 수 있는 방법을 체험하게 해 주는 것도 중요합니다. 이를 통해 아이들이 기술적인 역량을 함양하고, 창의력을 개발하며, 문제 해결 능력을 끌어올릴 수 있습니다.

중요한 것은 꺾이지 않는 마인드셋

많은 분들이 기억하시겠지만, MBC의 <무한도전>은 불후의 명작 중 하나입니다. <무한도전>은 단순한 예능 프로그램을 넘어 성장과 변화에 대한 귀중한 인사이트를 제공한 프로그램이었습니다. 다양한 도전을 통한 못난 이들의 성장기는 우리에게 큰 웃음과 영감을 주었습니다.

우리 주변에서도 자신만의 '무한도전'을 벌이는 친구들을 발견할 수 있습니다. 이런 친구들이 보여주는 특징 중 하나는 강한 '성장 의지'입니다. 이들은 자신이 잘 알지 못하는 분야에 대해 호기심을 품고, 이를 탐색하는 데 주저하지 않습니다. 그 과정에서 이들은 학습하고 더 큰 그릇으로 성장하게 됩니다.

우리는 아이들에게 이러한 마인드셋을 가르쳐 주어야 합니다. 아이들이 성장의 기회를 두려워하지 않고 적극적으로 도전하는 모습을 보여 줄 때, 그들은 어른이 되어도 지속적으로 성장할 수 있습니다.

성장과 변화를 겪으며 인생을 즐길 수 있는 사람이 되어야 합니다. 용기와 믿음을 가지고 도전하며 성장하는 마음가짐을 갖춘 아이들은 앞으로의 인생에서도 더 큰 발전과 성취를 이룰 수 있습니다. 이것이 바로 우리가 아이들에게 전달해야 할 '성장 마인드셋'입니다.

성장 마인드셋(Growth Mindset)은 심리학자 캐럴 드웩(Carol Dweck) 교수가 개발한 개념으로, 인간의 능력과 지능은 고정되어 있지 않고 노력과 학습을 통해 지속해서 발전할 수 있다는 믿음을 의미합니다. 이러한 마인드셋은 개인의 학습, 성취 및 성공에 중요한 역할을 하는 것으로 알려져 있습니다.

성장 마인드셋과 대조되는 개념으로 고정 마인드셋(Fixed Mindset)이 있습니다. 고정 마인드셋은 개인의 능력이나 지능이 타고난 것이며, 변화하기 어렵다고 믿는 관점입니다. 이러한 사고방식은 실패를 두려워하게 만들며, 새로운 도전을 회피하게 할 수 있습니다.

성장 마인드셋을 지닌 사람들은 실패를 긍정적인 경험으로 받아들이고, 이를 통해 배우며 끊임없이 성장하려는 노력을 기울입니다. 또한 지속적인 학습과 노력을 통해 개인의 능력과 지식을 발전시킬 수 있다고 믿습니다. 성장 마인드셋은 개인뿐만 아니라 교육, 기업, 조직 등 다양한 분야에서 효과적인 성과를 낼 수 있는 중요한 역할을 합니다.

아이의 성장 마인드셋을 키우는 데 다음과 같은 방법들이 도움이 될 수 있습니다.

노력에 대한 인식 강화 아이들에게 노력의 가치를 알려 주고, 노력을 통해 발전할 수 있다는 것을 깨닫게 해 주세요. 학습이나 도전에 대한 동기부여를 높여 줍니다.

긍정적인 피드백 제공 아이의 성과와 노력을 칭찬하고 격려하세요. 이를 통해 아이들은 성공을 노력과 연관 지어 생각할 수 있게 됩니다.

실패를 배움의 기회로 인식 실패를 두려워하지 않게 하고, 실패를 통해 배울 수 있는 점을 찾도록 도와주세요. 이를 통해 아이들은 실패에 대한 두려움 없이 새로운 도전을 시도할 수 있습니다.

문제 해결 능력 강화 아이들에게 도전적인 문제를 제시하고, 그들이 스스로 해결 방법을 찾아 나가도록 지원하세요. 이 과정에서 아이들은 자신의 능력을 발전시킬 수 있다는 자신감을 얻게 됩니다.

성장 마인드셋에 대한 대화 아이들과 성장 마인드셋에 대해 이야기하며, 그들이 성장 마인드셋을 가지고 생활하도록 도와주세요.

모범을 보여 주기 부모나 교사가 성장 마인드셋을 가지고 살아가는 모습을 보여 주면, 아이들은 그들을 본받아 성장 마인드셋을 키울 수 있습니다.

도전과 적응 장려 아이들이 새로운 활동에 도전하고 다양한 경험을 할 수 있도록 기회를 제공하세요. 이를 통해 아이들은 끊임없이 성장하고 변화에 적응할 수 있게 됩니다.

이러한 방법들을 통해 아이들의 성장 마인드셋을 발전시키고, 그들이 끊임없이 배우고 성장하는 능력을 키워 줄 수 있습니다.

지금부터 뚜비뚜바

캘리포니아대학교 리버사이드캠퍼스 심리학과 로스 D. 파크(Ross D. Parke) 교수는 '아버지'에 대해 30년 이상 연구한 저명한 학자입니다. 그는 아빠와의 놀이나 상호 작용이 아이의 논리적이고 이성적인 좌뇌 발달에 큰 영향을 끼치며, '아빠 효과(Father Effect)'라는 개념으로 아이의 사회성 발달에도 영향을 끼친다는 결과를 발표했습니다. 또한 아빠와 함께 보내는 시간이 많을수록 아이의 학업 성취도가 높아지는 것도 확인했습니다.

빠르게 변화하는 세상에서 아이들과 아빠의 소통은 더욱 중요해졌습니다. 아빠가 아이와 소통함으로써 아이는 자신의 생각과 감정을 표현하며, 자아 정체성을 발견하고 발전시키는 데 큰 도움을 얻을 수 있습니다. 또한 부모와 아이의 소통은 아이의 정서적·사회적·지적 성장에도 매우 중요한 역할을 합니다.

아빠는 아이의 성장을 위한 최고의 리더가 될 수 있습니다. 아빠는 자녀와 소통할 때 자신의 사랑과 관심을 분명히 표현하면서 아이의 생각과 감정을 존중하는 태도로 다가가야 합니다. 또한 아빠는 자녀의 독립적인 사고와 판단을 존중하며, 아이가 주체적이고 독립적으로 성장할 수 있도록 지원해야 합니다.

이러한 노력은 아이의 미래에 큰 영향을 끼치며, 아이의 삶에 가장 중요한 가치를 부여하는 것입니다.

부모와 아이 사이의 소통을 개선하려면 다음과 같은 방법을 시도해 볼 수 있습니다.

진심으로 경청하기 아이의 이야기에 진심으로 귀 기울이고, 이해하려고 노력하세요.

평소에도 대화를 나누기 일상에서도 소소한 이야기를 나누어 서로의 생각과 감정을 공유하세요.

감정을 인정하고 표현하기 아이의 감정을 인정하고 부모 자신의 감정도 표현하며 솔직하게 대화를 나누세요.

비판과 지적을 자제하기 아이의 의견에 존중을 표현하며, 비판과 지적을 자제하고 격려와 지지를 보여 주세요.

공감과 이해 표현하기 아이가 부모의 관심과 지지를 느낄 수 있도록 아이의 입장에서 생각하고 이해를 표현하는 등 공감 능력을 발휘해 주세요.

주제를 아이의 관심사에 맞추기 아이가 관심 있어 하는 주제를 찾아 대화를 이끌어 나가세요. 이렇게 하면 아이가 대화에 더 적극적으로 참여할 것입니다.

풍부한 어휘 사용하기 다양한 어휘를 사용해 아이가 표현력을 키울 수 있도록 도와주세요.

대화 시간 고르기 아이가 일상에서 편안한 시간대에 대화를 나눌 수 있도록 시간을 고르세요. 이를 통해 아이가 스트레스 없이 대화에 참여할 수 있습니다.

질문을 통한 적극적 소통 아이의 의견을 묻고, 생각을 자극할 수 있는 질문을 통해 적극적인 소통을 도모하세요.

합리적인 의사 결정 과정 공유 부모의 의사 결정 과정을 아이와 함께 공유해 아이가 합리적인 판단을 내릴 수 있도록 이끌어 주세요.

부모와 아이 사이의 소통은 신뢰, 이해, 지지, 사랑의 기반이 됩니다. 꾸준히 노력하면 부모와 아이 사이의 소통을 개선하고, 아이의 성장과 발전에 긍정적인 영향을 끼칠 수 있습니다.

부모들이 아이들에게 잔소리하는 이유는 대개 아이들의 성장과 발전을 도울 의도에서 비롯됩니다. 그러나 아이들은 이를 귀찮아하거나 반감을 가질 수 있기 때문에 부모들은 감정을 통제하고 명확한 목표를 설정하며, 칭찬과 격려 등과 같이 더 효과적으로 소통하는 방법을 찾아야 합니다. 또한 일상적인 활동에 아이와의 대화를 넣어 대화의 기회를 늘리는 것이 중요합니다. 이렇게 하면 서로의 관계를 강화하고, 아이의 성장에 도움이 되는 환경을 만들 수 있습니다.

4

아임 파인, 앤 유?

JOB In & Out

AI 기술의 발전으로 일자리에 큰 변화가 예상됩니다. 이러한 변화는 일자리의 소멸, 새로운 일자리의 창출, 기존 직업의 업무 방식 변화 등 다양한 측면에서 일어날 것입니다. 특히 반복적이고 단순한 업무를 수행하는 일자리는 줄어들 것으로 예상되며, 반면에 AI 개발, 데이터 분석 등과 같은 디지털 테크 분야에서 전문가들에 대한 수요가 증가할 것입니다.

AI 시대에는 인공지능이 대체할 수 없는 창의력, 문제 해결 능력, 인간과 인간 간의 협업, 커뮤니케이션 등 '소프트 스킬'이 더욱 중요해질 것으로 예상됩니다. 이에 따라 필요한 역량을 갖춘 인재들에 대한 수요가 높아질 것입니다.

2017년 WEF에서 발표한 맥킨지 보고서에 따르면, 자동화와 인공지능으로 인해 8,500만 개의 일자리가 사라질 것으로 예측됩니다. 가장 큰 영향을 받을 산업은 제조, 운송 및 보관, 도소매 및 소매업이 될 것입니다. 반면 정보기술, 생명공학 및 헬스케어와 같은 분야에서는 9,700만 개의 일자리가 창출될 것입니다(출처: The future of work : Jobs and skills in 2030).

▶ 사라질 직업 5가지

일부 제조업 작업자 자동화 및 로봇 기술의 발전으로 일부 제조업 작업자들의 역할이 축소되거나 사라질 것입니다.

은행원 및 금융 담당자 금융 기술(FinTech)이 발전하고, 인공지능이 금융 서비스를 제공하는 데 활용되면서 일부 은행원 및 금융 담당자의 역할이 줄어들 것으로 예상됩니다.

농업 및 임업 노동자 농업 및 임업 기술의 발전으로 필요한 노동력이 줄어들어 일부 노동자들의 직업이 사라질 것입니다.

운송 및 물류 노동자 자율 주행 차량 및 무인 물류 시스템의 도입으로 일부 운송 및 물류 노동자들의 일자리가 감소할 것입니다.

일부 소매점 직원 전자 상거래의 성장과 무인 매장 기술의 발전으로 일부 소매점 직원들의 일자리가 줄어들 것으로 예상됩니다.

▶ 생겨날 직업 5가지

데이터 분석가 및 데이터 과학자 빅데이터와 인공지능의 활용이 늘어

나면서 데이터 분석 및 데이터 과학 분야의 전문가 수요가 증가할 것입니다.

사이버 보안 전문가 디지털 기술의 발전과 네트워크 연결성이 증가함에 따라 사이버 보안 위협이 높아지므로 대응 능력을 가진 전문가들이 필요할 것입니다.

로봇공학 및 인공지능 엔지니어 로봇 및 인공지능 기술의 발전과 적용 분야 확장에 따라 해당 분야의 전문 엔지니어 수요가 증가할 것입니다.

전문적인 의료 서비스 제공자 의료 기술의 발전과 노령 인구 증가로 전문 의료 서비스 제공자들에 대한 수요가 증가할 것입니다.

친환경 기술 및 에너지 전문가 기후변화 및 지속 가능한 에너지에 대한 인식이 높아지면서 친환경 기술과 지속 가능한 에너지 분야의 전문가들에 대한 수요가 증가할 것입니다.

이러한 변화에 대비하기 위해서는 교육 체계와 교육 프로그램을 개선하고, 학생들과 직장인들이 평생 학습을 통해 새로운 기술과 역량을 지속적으로 습득하는 것이 중요합니다. 개인들은 미래의 일자리 변화를 고려해 자신의 역량을 강화하고, 기업 및 정부는 이러한 변화에 대응할 수 있는 인재 양성과 일자리 창출을 지원하는 정책을 추진해야 합니다.

일의 ‘소멸’이 아닌 ‘변화

인류는 역사적으로 항상 직업의 변화와 발전에 직면해 왔습니다. 1차 산업혁명에서는 수작업이 자동화되며 인간의 노동력이 대체되는 우려가 있었고, 2차 산업혁명에서는 대량생산을 위해 기계가 사용되면서 또다시 인간의 역할에 대한 우려가 있었습니다. 3차 산업혁명에서는 컴퓨터와 인터넷의 발전으로 업무의 자동화가 진행되며, 또다시 우려가 제기되었습니다.

이전 산업혁명 과정을 거치면서 인간의 역할에 대한 우려는 늘 있어 왔지만, 인류는 항상 새로운 환경과 기술에 대응하면서 자신들의 역할을 부여해 나갔습니다. 4차 산업혁명도 마찬가지입니다. 기술 발전에 따른 일자리 소멸은 불가피한 현실일 수 있지만, 이는 인간의 역할이 대체되는 것이 아니라 ‘변화’하는 것일 뿐입니다. 인간은 새로운 업무 분야나 창조적인 일에 참여하거나 기존 직업에서도 AI와 협업하며 더 나은 성과를 이루는 등 새로운 역할을 부여받을 수 있습니다.

또한 4차 산업혁명에서는 인간의 역량과 능력이 더욱 중요해집니다. 창의력, 문제 해결 능력, 소프트 스킬 등은 인간이 가진 고유한 능력이며, 이러한 역량을 갖춘 인재들에 대한 수요는 더욱 높아질 것입니다. 따라서 4차 산업혁명에서도 인간의 역할은 변화하고 발전하겠지만, 인류는 항상 변화에 대응해 왔듯이 이번에도 새로운 환경과 기술에 대응하며 자신들에게 스스로 역할을 부여할 것입니다.

맥킨지는 기술 발전, 자동화 및 인공지능이 미래의 일자리에 끼치는 영향을 연구했습니다. 이 연구에서는 일부 직업이 줄어들거나 완전히 사라질 것이지만, 새로운 기술이 도입됨에 따라 새로운 직업이 생성되고 기존 직업의 성격이 바뀔 것으로 전망했습니다.

주요 시사점은 다음과 같습니다.

직업 유형의 변화 기술 발전에 따라 일부 직업은 사라지거나 줄어들 것이지만, 새로운 기술과 서비스 산업의 성장에 따라 새로운 직업이 생겨날 것입니다. 예를 들어, 데이터 과학자, 사이버 보안 전문가 등의 직업이 증가할 것으로 예상됩니다.

직업의 역할 변화 기존의 일자리에서도 기술 도입에 따라 직업의 성격이 바뀔 것이며, 더 높은 수준의 기술과 전문 지식이 요구될 것입니다.

교육 및 훈련의 중요성 직업의 변화로 교육 및 훈련이 더욱 중요해질 것입니다. 이에 실질적인 기술과 역량을 갖춘 인력이 요구될 것입니다. 이를 위해 평생 교육 및 직업훈련 프로그램을 확대해 나가야 합니다.

노동시장 및 정책 변화 정부와 기업은 기술 발전에 대한 대응 전략을 마련해야 하며, 노동시장의 변화에 대비해 새로운 정책과 제도를 도입해 취약 계층의 고용 안정을 지원해야 합니다.

기술적 적응력 및 유연성 미래의 노동시장은 지속적으로 변화하므로, 직장인들은 기술적 적응력 및 유연성을 갖추어야 합니다. 이를 위해 개인들은 새로운 기술 및 업무 방식을 습득하고, 다양한 업무 경험을 쌓는 것이 중요합니다.

직업 선택 시 고려 사항 미래의 일자리 변화를 고려해 새로운 직업을 선택할 때는 안정성과 성장 가능성이 있는 분야를 선호하는 것이 좋습니다. 특히 인공지능, 로봇공학, 데이터 분석, 그리고 사이버 보안 등과 같은 기술 관련 분야의 직업은 높은 성장률과 좋은 전망을 보이고 있습니다.

기술의 영향력 인식 및 대응 기술의 발전이 미래의 일자리에 끼치는 영향을 이해하고, 적절한 대응 전략을 마련해 경쟁력을 유지하는 것이 바람직합니다. 이를 위해 기업과 정부, 교육기관이 협력해 기술 변화에 대비할 수 있는 인력 양성 및 일자리 창출을 지원해야 합니다.

사회적 책임 인식 기술의 발전과 일자리 변화에 따른 사회적 불평등이 심화될 수 있으므로, 기업과 정부는 사회적 책임을 인식하고 취약 계층 지원을 강화해야 합니다. 또한 일자리 창출과 고용 안정을 위한 정책 및 제도 개선도 필요합니다.

글로벌 경쟁력 강화 미래의 일자리 시장은 글로벌 경쟁이 치열할 것으로 예상됩니다. 따라서 개인과 기업, 정부 모두 국제적인 협력과 경쟁력을 강화하는 데 주력해야 합니다. 이를 위해 다양한 글로벌 네트워크와 협력을 확장하고, 기술 및 인적 자원의 국제 교류를 적극 지원하는 것이 중요합니다.

'내 아이들은 미래에 어떤 일을 할까?' 부모로서 이러한 고민을 하는 경우가 많습니다. 그러나 AI 시대의 일자리 변화는 부모들에게 걱정뿐만 아니라 새로운 기회와 가능성을 제공할 수도 있습니다.

첫째, 평생 교육 및 직업훈련이 더욱 중요해졌습니다. 부모는 자녀들에게 다양한 교육 기회와 직업훈련의 기회를 제공해야 하며, 미래 일자리에 대비하기 위해 창의력, 문제 해결 능력, 커뮤니케이션 등의 소프트 스킬을 강화해 주어야 합니다.

둘째, 부모는 자녀들에게 직업 변화에 대한 유연성을 갖추도록 도와야 합니다. 일자리 변화에 적응하기 위해 다양한 업종에서의 경험과 지식을 쌓는 것이 도움이 될 것입니다.

셋째, 부모는 자녀들이 새로운 기회를 발견하고 창출할 수 있는 환경을 제공해야 합니다. 이를 위해 기업과 정부의 지원을 받을 수 있는 프로그램에 참여하거나 창업 교육 등을 받는 것도 좋은 방법입니다.

AI 시대의 일자리 변화에 대한 부모들의 대처 방식은 자녀들이 미래에 희망적인 삶을 살 수 있도록 하는 것입니다. 부모들은 자녀들의 역량을 증진하는 교육 및 훈련에 적극적으로 참여하고, 유연성을 갖춘 직업 전환을 지원하며, 새로운 기회를 창출할 수 있는 환경을 제공해 자녀들이 미래에 대비하도록 해야 합니다.

떠나가는 자, 남아 있는 자

미래 일자리에서 떠나가는 사람과 남아 있을 사람은 다양한 요인에 따라 달라질 수 있습니다. 그러나 미래 일자리에 대비해 준비하는 것은 모든 학생들에게 중요한 전략이 될 것입니다.

미래 일자리에서 떠나가는 사람은 기존에 수행하던 일이 자동화되거나 인공지능 등의 기술로써 대체될 가능성이 큽니다. 예를 들어, 생산 라인에서 일하는 직원은 로봇이나 자동화된 기계가 대체할 가능성이 큽니다. 또한 인터넷과 스마트폰 등의 기술 발전으로 일부 서비스 직군에서도 일자리가 사라지는 경향이 있습니다.

반면에 남아 있을 사람은 기술에 대한 이해와 전문성을 가지고 있는 이들입니다. 예를 들어, 인공지능 분야나 빅데이터 분석 분야 등 기술이 중요한 역할을 하는 분야에서는 기술적인 역량과 전문성을 가진 사람들이 더욱 필요할 것입니다. 또한 기업에서는 고객 서비스와 같이 인간적인 측면이 필요한 분야에서도 일자리가 유지될 것으로 예상됩니다.

따라서 부모들은 자녀들이 기술과 전문성을 키우고, 유연성과 적응력을 갖추어 변화에 빠르게 대처할 수 있는 능력을 갖추도록 교육에 집중해야 합니다. 또한 다양한 분야에서 경험을 쌓고 네트워크를 구축해 미래 일자리를 준비해야 합니다.

미래의 직업 기회를 찾고 준비하는 것은 현명한 전략입니다. 기술 발전, 사회 변화 및 경제 상황에 따라 미래의 일자리 시장은 지금과 상당히 다른 모습일 것으로 예상됩니다. 미래 직업 기회를 찾고 준비하는 방법에 대한 몇 가지 조언은 다음과 같습니다.

업계 동향 분석 미래에 수요가 높아질 것으로 예상되는 산업과 직업을 파악하려면 꾸준히 업계 동향을 조사하고 이해해야 합니다. 산업 발전과 기술 혁신이 어떤 영향을 끼치는지 주시하고, 전문가의 의견을 참고해 미래에 중요한 역량과 기술을 파악해야 합니다.

기술 습득 미래의 일자리에 대비하려면 지속적인 학습과 기술 습득이 중요합니다. 인공지능, 빅데이터, 사이버 보안 등과 같이 미래에 중요한 역할을 할 것으로 예상되는 기술을 익히고, 관련 교육 프로그램이나 온라인 과정을 통해 전문성을 키워야 합니다.

유연성 및 적응력 강화 미래의 직장에서는 유연성과 적응력이 매우 중요한 역량으로 판단됩니다. 변화에 빠르게 적응하고 새로운 기술을 받아들이는 능력을 키워야 합니다. 다양한 경험을 쌓고, 새로운 업무 환경에 적응하는 연습을 해야 합니다.

적극적인 자기 계발 기존 직업 분야에서의 경쟁력을 유지하거나 새로운 직업 분야로 진입하기 위해서는 지속적인 자기 계발이 필요합니다. 새로운 기술과 역량을 습득하고, 창의적인 문제 해결 능력을 강화하는 것이 중요합니다.

산업 동향 파악 산업 동향을 주시하고, 어떤 기술과 역량이 필요한지 파악하는 것도 중요합니다. 미래에 수요가 많아질 직업 분야를 미리 파악해 그에 따른 역량을 쌓는 것이 경쟁력을 유지하는 데 도움이 됩니다.

네트워킹 적극적인 네트워킹은 미래 직업 기회를 찾는 데 매우 중요합니다. 전문적인 커뮤니티나 산업 그룹에 가입하고, 지인과 연락을 유지하며, 새로운 인맥을 만드는 것이 좋습니다. 이를 통해 정보를 공유하고 취업 기회를 발견할 수 있습니다.

경험 쌓기 미래의 직업을 준비하는 데 있어 경험 쌓기도 중요합니다. 관련 산업에서 일하는 것이 최선이지만, 인턴십이나 봉사 활동, 프로젝트 참여 등을 통해서도 새로운 기술을 배우고 경험을 쌓을 수 있습니다. 또한 새로운 기술이나 업무에 대한 이해를 높이기 위해 새로운 취미나 활동을 시작하는 것도 좋은 방법입니다. 이를 통해 자신이 어떤 분야에서 일하고 싶은지를 파악하고, 경험을 쌓아 가며 미래 직업에 대비할 수 있습니다.

더불어 외국어를 배우는 것은 새로운 문화와 사고방식을 경험하며, 새로운 기회를 찾는 데 큰 도움이 될 수 있습니다. 해외 워킹 홀리데이에 참여하면 새로운 문화와 환경에서 일하면서 다양한 경험을 쌓을 수 있습니다. 이는 새로운 기술과 역량을 습득하며, 창의적인 문제 해결 능력을 강화하는 데 도움이 될 수 있습니다.

학무지경, 배움에는 끝이 없나니

배움에는 끝이 없다는 것은 우리가 평생 계속해서 새로운 것을 배우고 성장할 수 있다는 의미입니다. 우리가 성장하고 발전하기 위해서는 지식과 기술을 항상 업그레이드하고 새로운 것을 배워야 합니다. 현재의 지식과 기술이 미래에는 시대에 뒤처질 수 있다는 점을 알고, 시대의 요구에 맞게 변화와 발전에 필요한 지식과 기술을 습득해야 합니다.

또한 우리는 삶에서 매일 새로운 경험을 하며 학습합니다. 경험은 삶에서 가장 소중한 교사입니다. 우리는 삶에서 겪는 모든 경험을 통해 자신의 성장과 발전을 이루어 낼 수 있습니다. 또한 다양한 취미와 활동을 통해 새로운 지식과 기술을 습득하고 자신의 역량을 키울 수 있습니다.

우리는 평생 학습으로 자신의 잠재력을 최대한 발휘하고, 삶에서 좀 더 나은 방향으로 나아갈 수 있습니다. 학습은 삶에서 멈추지 않는 동력이며, 계속해서 새로운 것을 배우고 성장하는 과정입니다. 배움에는 끝이 없습니다.

미래 시대는 빠르게 변화하는 기술과 혁신적인 산업구조로 평생 학습이 필수 요소로 부각되고 있습니다. 일찍이 배운 지식이 더 이상 평생에 걸쳐 유효한 시대가 아니라, 지속적인 업데이트와 습득이 필요한 시대가 되었습니다.

지식과 기술은 폭발적으로 발전하고 있어, 개인이 평생 학습을 통해 이 변화에 적응하는 것이 꼭 필요합니다. 전통적인 산업과 직업에도 큰 변화가 일어나며, 일부 직업은 사라지거나 변화하는 반면 새로운 직업이 등장합니다. 따라서 평생 학습을 통해 새로운 기술과 직업에 대한 이해와 준비를 하면 미래 시대에 더 강력한 유연성과 적응력을 갖출 수 있습니다.

또한 평생 학습을 통해 지식과 기술을 지속적으로 갱신하면 개인의 경쟁력을 높일 수 있어, 더 나은 직장과 경력 발전의 기회를 얻을 수 있습니다. 이를 통해 사회 전체의 지속 가능한 발전에도 기여할 수 있습니다.

지식과 기술이 빠르게 발전하는 시대에 적응하려면 평생 학습의 중요성을 인식하고 이를 실천하는 것이 매우 중요합니다. 변화하는 세상에 뒤처지지 않고 지속해서 성장하려면 개인의 자기 주도적인 노력이 필요하며, 이를 위해 평생 학습이 큰 역할을 할 것입니다. 평생 학습을 추구하며 지식과 기술을 습득하고 공유하는 사회는 더 나은 미래를 만들어 갈 수 있습니다.

평생 학습을 통해 새로운 지식과 기술을 습득하면 삶의 질을 높일 수 있습니다. 이는 호기심을 일깨우고 자기 계발을 도모하며, 개인의 정신적 만족도를 높여 줍니다. 또한 세대 간의 정보 격차를 해소하는 데 도움이 되어, 기술 발전에 따른 이질감을 줄이고 세대 간의 이해와 소통을 돕습니다.

인터넷과 디지털 기술의 발전 덕분에 학습 자료와 온라인 강의 등 다양한 평생 학습 자료를 저렴하고 쉽게 이용할 수 있습니다. 이를 통해 누구나 평생 학습에 참여할 수 있는 평등한 기회를 제공하게 됩니다.

평생 학습은 개인이 다양한 문화와 관습을 배우고 이해하는 기회를 제공합니다. 이로써 사회 통합과 문화 교류를 촉진하며, 전 세계적으로 다양성을 인정하고 존중하는 문화를 만들어 갈 수 있습니다.

결국, 평생 학습은 개인과 사회 모두에게 이익을 가져다줍니다. 개인은 지식과 기술을 갱신하며 경쟁력을 높일 수 있고, 사회는 지속적인 발전과 혁신을 이룰 수 있습니다. 이러한 과정에서 더 나은 삶의 질과 경제적 안정을 추구할 수 있습니다. 평생 학습의 중요성을 인식하고 실천함으로써 미래 세대의 성장과 발전에 기여할 수 있습니다.

아이들에게 평생 학습의 중요성을 전달하려면, 현실적인 예시를 들어 변화하는 세상을 설명하고 이해하도록 해야 합니다. 예를 들어, 과거에 사용되던 기술이나 지식이 현재 사용되지 않음을 보여 주면서, 세상이 변화하기 때문에 끊임없이 배우고 성장해야 한다는 것을 알려 줘야 합니다.

또한 아이들에게 세상이 성장하고 미래에 어떤 요구가 있을지 이야기를 들려주며, 기술 발전과 새로운 직업의 등장으로 학습이 끊임없이 필요하다는 것을 전달해야 합니다. 아이들이 관심 있는 분야와 연결해서 그들이 좋아하는 취미나 직업에서도 학습이 중요하다는 점을 깨달도록 하는 것이 좋습니다.

실패와 도전을 통한 배움의 중요성도 강조해야 합니다. 아이들에게 실패를 두려워하지 않고 도전하는 것이 성장에 중요하며, 그 과정에서 계속 배워야 한다는 것을 설명해 주세요. 실패를 통해 얻은 교훈이 어떻게 개선의 기회가 될 수 있는지 알려 주는 것도 도움이 됩니다.

우리 아이들의 미래 진로를 위해 지금은 다음과 같은 준비를 해야 합니다.

기술 및 디지털 리터러시 향상 미래 직업은 디지털 기술과 밀접한 관련이 있으므로 아이들에게 기술을 이해하고 사용할 수 있는 능력을 길러 주는 것이 중요합니다. 코딩, 프로그래밍, 데이터 분석 등 기술 관련 지식을 습득할 수 있는 교육을 선별하고, 관련 활동에 참여할 수 있도록 지원해 주세요.

소프트 스킬 강조 미래의 직장에서는 인간의 독특한 능력이 더욱 중요해질 것입니다. 따라서 아이들에게 커뮤니케이션, 협업, 창의력, 문제 해결 능력 등의 소프트 스킬을 키워 주는 것이 중요합니다.

평생 학습 마인드셋 미래의 일자리 환경은 변화가 빠를 것입니다. 따라서 아이들이 평생 학습할 수 있는 마인드셋을 갖추도록 도와주세요. 다양한 경험과 실패를 통해 성장할 수 있는 환경을 제공하고, 아이들에게 학습과 탐구의 가치를 인식하게 해 주세요.

실전 경험 제공 미래 직업에 대한 이해를 높이기 위해, 아이들이 관심 있는 분야에서 인턴십, 자원봉사, 프로젝트 참여 등의 실전 경험을 얻을 수 있도록 도와주세요. 아이들이 직접 경험을 통해 진로에 대한 이해를 높일 수 있습니다.

진로 탐색 활동 지원 아이들이 다양한 직업과 산업을 알아보도록 도와주세요. 직업 박람회, 멘토링 프로그램, 직업 체험 프로그램 등을 활용해 아이들이 자신의 관심과 열정을 발견하는 기회를 제공해 주세요.

세상에 하나뿐인 꽃

꽃과 식물은 작은 씨앗에서 생명을 시작합니다. 이들은 같은 환경에서 자라더라도 저마다 다른 성장 속도와 결과물을 보여 줍니다. 예를 들어, 감자와 토마토의 씨앗은 육안으로 구분하기 어려울 정도로 비슷합니다. 하지만 감자는 크면서 많은 덩굴을 만들며 땅밑에서 뿌리열매를 맺습니다. 반면 토마토는 키도 작고 많은 가지를 만들어 가지에서 열매를 맺습니다. 감자는 부드럽고 밀도가 높은 아이보리색 과육이 되고, 토마토는 달콤하고 즙이 많은 빨간 열매로 자랍니다.

꽃들도 마찬가지입니다. 작고 구분하기 어려운 꽃씨가 저마다 다른 색과 모양, 향기를 가진 아름다운 꽃으로 자라납니다. 때로는 외관상 비슷해 보일지라도 자세히 보면 각자 특성과 개성을 지니고 있습니다.

이와 같이 우리 아이들도 같은 환경에서 자라더라도 각자의 잠재력과 성장 속도는 다릅니다. 모든 아이들은 놀라운 잠재력과 능력을 지니고 있으며, 이를 발견하고 개발해 나갈 수 있는 부모의 역할은 매우 중요합니다.

부모로서 우리는 자녀의 성장과 발전을 도와야 하는 책임이 있습니다. 이는 농부가 씨앗을 기르는 것과 매우 유사합니다. 농부는 씨앗을 선택하고 씨앗에 필요한 물과 영양분을 지속적으로 제공합니다. 그러나 농부는 씨앗이 자라고 열매를 맺는 과정을 억압하거나 조작하지 않습니다. 대신, 그들은 씨앗이 고유한 성장 과정을 거쳐 자연스럽게 자라게 돕습니다.

우리는 탐스러운 상품을 만들어 내기 위해 비료를 주는 상업적 농부가 아니라, 자녀의 가치를 알아주고 아이가 진정한 행복을 찾도록 그들의 성장과 발전을 존중하고 돕는 선한 유기농 농부가 되어야 합니다.

부모는 자녀가 가진 잠재력을 발견하고 존중해 주어야 합니다. 자녀의 강점을 찾아내고 그것을 키우는 데 집중해, 자녀 스스로 자신의 가치를 느낄 수 있도록 돕는 것이 부모의 역할입니다. 또한 아이들이 자신은 무엇을 좋아하는지, 어떤 분야에서 재능을 발휘할 수 있는지를 발견하도록 지원해 주어야 합니다.

부모로서 가장 중요한 역할 중 하나는 자녀의 잠재력을 발견하고, 미래 직업 진로를 탐색할 수 있도록 돕는 것입니다. 이를 위해 부모는 자녀의 진로 탐색에 적극적으로 관심을 가져야 합니다.

첫 번째 단계는 진로 교육에 대한 이해를 높여 아이와의 관계에 적용할 수 있도록 하는 것입니다. 진로 교육의 원칙을 이해해 자녀와 더 효과적으로 소통하고, 그들의 필요에 맞는 자원을 제공할 수 있습니다.

그다음으로는 아이의 특성, 관심사, 강점 및 가치를 파악하는 것이 중요합니다. 부모는 아이를 주의 깊게 관찰해 그들에게 적합한 직업 목록을 작성하고, 아이의 강점과 관심사와 일치하는 진로를 선택하도록 도와야 합니다.

아이가 관심을 보이는 취미나 활동을 지원하는 것은 좋은 방식입니다. 하지만 때때로 아이가 관심을 가졌다가 곧바로 흥미를 잃을 수도 있으므로, 부모는 아이의 관심이 단순한 호기심인지, 아니면 계속 흥미를 유지하는지를 판단해야 합니다.

또한 부모는 기회비용을 고려해 지속적으로 시도하고 지원하는 것이 바람직한지 판단해야 합니다. 아이가 흥미를 보이는 취미나 활동에 대한 지원이 과도한 비용이나 시간 투자를 요구하지 않는다면, 아이가 다양한 경험을 쌓고 성장하는 데 도움이 됩니다.

만약 아이가 정말로 관심 있는 분야라고 확신할 수 있다면, 부모는 아이가 가진 능력과 잠재력을 최대한 발휘할 수 있도록 도와주어야 합니다. 하지만 아이가 아직 정확한 관심 분야를 찾지 못했다면, 여러 가지 다양한 경험을 시도하게 하고, 그중에서 아이가 진정으로 관심 있는 분야를 찾도록 도와주는 것이 좋습니다.

이를 위해 부모는 아이와 지속적으로 대화를 나누고 그들의 사고방식을 이해하는 것이 중요합니다. 마지막으로, 부모는 아이가 선택한 진로에 대한 지속적인 지원과 충분한 정보를 제공해야 합니다. 대학 진학, 취업 준비, 인턴십 등 필요한 정보를 제공하고, 아이의 발전에 도움이 되는 기술과 지식을 계속해서 습득할 수 있도록 지원해 줍니다.

또한 부모는 자신의 인생 경험을 바탕으로 아이에게 조언을 해 줄 수 있습니다. 그러나 이는 아이의 선택에 결정권을 부여하며, 그들의 성장을 방해하지 않는 선에서 이루어져야 합니다.

종합적으로, 부모는 아이의 잠재력을 발견하고, 미래 직업 진로를 탐색하며, 그들의 성장과 발전을 지속적으로 지원하는 역할을 해야 합니다. 이를 위해서는 소통과 관찰, 진로 교육과 정보 제공, 그리고 아이의 선택에 대한 존중과 지원 등이 이루어져야 합니다. 이러한 노력이 아이의 미래에 긍정적인 영향을 끼치고, 그들이 자신의 잠재력을 최대한 발휘하며, 원하는 직업을 찾아 갈 수 있도록 돕게 됩니다.

어디로 가든, 무엇을 하든

모든 아이가 학문적으로 뛰어날 수는 없습니다. 하지만 그들은 저마다 자신만의 고유한 장점과 재능을 가지고 있습니다. 예를 들어, 어떤 아이는 체육 활동에서 두각을 나타낼 수 있고, 어떤 아이는 예술 분야에서 뛰어날 수 있습니다. 학문이 아니더라도 세상에는 다양한 분야에서 가치 있는 일들이 이루어지고 있습니다.

부모는 아이가 자신의 장점과 관심사를 찾을 수 있도록 돕는 역할을 해야 합니다. 이를 위해 아이가 다양한 경험을 할 수 있도록 지원해 주며, 체육, 예술, 음악, 사회 활동 등 다양한 분야에서 활동하게 해 자신의 관심사와 재능을 발견할 수 있도록 도와주어야 합니다. 아이가 찾은 재능과 관심사를 존중하고 지지하며 응원하는 것이 중요합니다. 아이가 선택한 길이 항상 쉽지는 않을 수 있지만, 부모는 항상 아이의 편이 되어 줄 필요가 있습니다. 그들이 어디로 가든 무엇을 하든 응원하고 지지하는 마지막 사람은 부모가 되어야 합니다. 부모는 자녀의 성장을 함께하며, 그들이 가장 빛나는 모습으로 세상을 살아갈 수 있도록 지원해 주어야 합니다.

아이들이 자신의 진로와 미래 일자리 탐색, 선택을 위해 학교에서 제공하는 지식과 정보, 활동 외에도 외부 활동에 참여하는 것은 매우 중요합니다. 외부 활동은 아이들에게 다양한 경험을 제공하고, 새로운 관심사를 발견하게 해 줍니다. 또한 이러한 활동은 아이들이 학교에서 배우지 못하는 다양한 기술과 역량을 개발하는 데 도움이 됩니다. 부모의 역할은 이러한 외부 활동을 지원하고 자신의 아이들이 다양한 활동에 참여할 수 있도록 도와주는 것입니다.

또한 부모는 아이들이 경험한 것들에 대해 이야기하고 함께 고민하며, 아이들이 무엇을 원하는지 듣고 이를 존중하는 것이 중요합니다. 이러한 지원과 도움을 통해 아이들은 자신의 잠재력을 발견하고, 이를 학습에 적용하고 활용해 미래에 더욱 자신감 있게 진로를 선택할 수 있습니다.

아이들이 다양한 직업과 활동 영역을 탐색하고 호기심을 가지는 방법은 다음과 같습니다.

다양한 경험 제공 아이들에게 다양한 경험을 제공하는 것이 중요합니다. 예술, 과학, 체육, 봉사 활동 등 다양한 분야의 체험 활동이나 프로그램에 참여하게 함으로써 아이들의 관심 분야와 잠재력을 발견할 수 있습니다.

정보 접근성 확대 인터넷, 도서관, 동아리 등을 통해 다양한 직업과 활동 영역에 대한 정보를 얻을 수 있도록 돕습니다. 이를 통해 아이들은 자신이 관심 있는 분야를 더 깊이 파고들 수 있습니다.

호기심과 탐험 정신 장려 부모와 교사는 아이들의 호기심과 탐험 정신을 장려해야 합니다. 아이들이 자신이 관심 있는 분야에 관한 궁금증을 자유롭게 질문하고 탐색할 수 있는 환경을 만들어 주는 것이 중요합니다.

실패와 시행착오의 기회 제공 아이들이 다양한 분야에서 실패와 시행착오를 겪을 수 있도록 기회를 제공해야 합니다. 이를 통해 아이들은 자신의 강점과 약점을 깨닫고, 적합한 직업과 활동 영역을 찾아 나갈 수 있습니다.

역할 모델 활용 다양한 직업과 활동 영역에서 성공한 사람들의 이야기를 들려주거나 만나게 함으로써 아이들에게 새로운 영감을 주고 동기를 부여할 수 있습니다.

이러한 접근 방식은 아이들이 전통적인 직업 경로에 얽매이지 않고, 자신만의 길을 찾아 나가는 데 도움이 됩니다. 이렇게 아이들이 다양한 분야를 탐색하고 호기심을 가지는 것은 추천할 만한 방식입니다. 자신의 관심과 열정에 따라 진로를 선택하는 것은 아이들의 성장과 미래를 위해 좋은 기반을 마련해 줄 것입니다.

5

미래를 여는
일곱 가지 열쇠

진실 게임이 시작됐다

인공지능 기술의 발전으로 가짜 정보와 이미지가 쉽게 만들어지고 확산되고 있습니다. 이러한 상황에서 비판적 사고는 매우 중요합니다. 사람들은 정보의 출처와 근거를 면밀히 검토하고, 다양한 관점을 고려해 신뢰할 만한 정보를 선별할 수 있어야 합니다.

또한 탈(脫)진실화 현상이 심화됨에 따라 사회 분열의 위험이 증가할 수 있습니다. 이를 극복하기 위해서는 비판적 사고를 통해 자신의 생각과 가치관에 도전하고, 다른 의견과 견해에 공감하고 이를 이해하는 태도를 가지는 것이 필수입니다.

미래 사회에서는 비판적 사고와 문제 해결 능력이 더욱 중요해질 것입니다. 아이들은 다양한 정보를 신중하게 평가하고 분석할 수 있는 능력을 키우며, 독립적 판단을 통해 타인의 의견에 지나치게 의존하지 않고 자신만의 판단을 내릴 수 있는 능력을 갖춰야 합니다. 또한 창의적 해결책을 도출하고 제시할 수 있는 능력, 상황을 정확히 판단하고 효과적으로 문제에 대응할 수 있는 능력, 협력하고 의사소통하는 능력을 꼭 키워야 합니다.

아이들에게 끊임없이 질문하고 호기심을 갖도록 교육하는 것이 비판적 사고와 문제 해결 능력을 개발하는 한 가지 방법입니다. 다양한 관점에서 문제를 바라보고 여러 가지 대안을 고려하는 능력을 키우기 위해 실패를 두려워하지 않고 도전하고 실험하며 새로운 경험을 쌓도록 장려하는 것이 중요합니다. 이러한 능력을 키우기 위해 다양한 활동을 시도할 수 있습니다.

집에서의 토론 아이와 함께 가정에서 다양한 주제를 놓고 토론을 진행하며, 아이의 의견을 존중하고 경청하는 것이 중요합니다. 이를 통해 아이들은 자신의 생각을 구체화하고 다른 사람들의 의견을 고려하는 능력을 기를 수 있습니다.

독서 활동 다양한 주제의 책을 읽고 아이와 그 내용을 이야기하는 것은 아이에게 비판적 사고력을 키워 줄 수 있는 좋은 방법입니다. 이를 통해 아이는 다양한 관점을 이해하고 비판적으로 정보를 처리하는 능력을 기를 수 있습니다.

문제 해결 프로젝트 아이가 직접 문제를 발견하고 해결책을 제안하며,

그 과정에서 필요한 협력과 의사소통 능력을 기르는 프로젝트를 함께 수행하는 것이 도움이 됩니다. 이를 통해 아이는 실제 세계에서 발생하는 문제를 인식하고 해결하는 데 필요한 능력을 발전시킬 수 있습니다.

실패를 격려하고 지지하기 아이가 도전하는 과정에서 실패할 때, 그것을 부정적인 경험으로 받아들이지 않도록 격려해야 합니다. 부모는 아이에게 실패는 성장의 기회이며, 실패를 통해 배우고 발전할 수 있다는 것을 깨닫게 해 주어야 합니다.

역할 모델 제공 아이에게 비판적 사고와 문제 해결 능력을 보여 주는 역할 모델을 소개합니다. 이를 통해 아이는 누군가를 본받아 그들의 행동과 능력을 모방하며, 자신의 비판적 사고와 문제 해결 능력을 개발하는 데 도움을 얻습니다.

이러한 활동들을 통해 부모는 아이의 비판적 사고와 문제 해결 능력을 적극적으로 발전시키는 데 도움이 될 수 있습니다. 이를 위해 부모는 아이에게 계속해서 지지와 격려를 보여 주며, 그들이 성장하고 발전할 수 있는 환경을 조성해야 합니다. 이렇게 함으로써 아이들은 미래의 세계에서 변화와 도전에 대처하며 성공적인 인생을 이룰 수 있는 핵심 역량을 갖추게 됩니다.

▶아이의 비판적 사고를 키워주는 '아빠 교육 가이드'

- 자녀에게 질문을 하십시오. 자녀가 새로운 정보를 접할 때 자녀에게 질문을 하여 자녀가 정보를 분석하고 비판적으로 생각하도록 돕습니다. 예를 들어, 뉴스를 보고 있을 때 자녀에게 "이 이야기의 주요 내용은 무엇입니까?" 또는 "이 이야기의 타당성은 무엇입니까?"라고 물어볼 수 있습니다.
- 자녀가 정보를 찾도록 격려하십시오. 자녀가 질문이 있을 때 자녀가 스스로 정보를 찾도록 격려하십시오. 이것은 자녀가 정보에 대한 비판적 사고 기술을 개발하는 데 도움이 될 것입니다.
- 자녀가 다른 관점에 노출되도록 하십시오. 자녀가 다양한 관점에 노출되도록 하여 자녀가 자신의 생각을 형성할 수 있도록 돕습니다. 예를 들어, 뉴스를 보고 있을 때 자녀에게 다른 관점에서 이야기하는 다른 TV 프로그램이나 웹사이트를 찾도록 요청할 수 있습니다.
- 자녀가 자신의 의견을 표현하도록 격려하십시오. 자녀가 자신의 의견을 표현하도록 격려하여 자녀가 자신의 생각을 신뢰하는 법을 배우도록 돕습니다. 예를 들어, 뉴스를 보고 있을 때 자녀에게 자신이 이야기하는 내용에 대해 어떻게 생각하는지 물어볼 수 있습니다.
- 자녀가 실수를 하도록 격려하십시오. 실수는 학습의 일부입니다. 자녀가 실수를 하도록 격려하여 자녀가 실수로부터 배우는 법을 배우도록 돕습니다.
- 자녀가 비판적 사고를 개발하는 데 도움이 되는 다른 많은 방법이 있습니다. 가장 중요한 것은 자녀가 질문하고, 탐구하고, 생각하도록 격려하는 것입니다.

아이의 비판적 사고를 돕기 위해 아빠와 함께 할 수 있는 모의 토론 주제와 방법에 대한 몇 가지 아이디어는 다음과 같습니다.

- 사회적 문제: 빈곤, 빈곤, 인종 차별, 성차별, 기후 변화와 같은 사회적 문제는 학

생들과 토론하기에 좋은 주제입니다. 학생들은 자신의 경험과 관점에서 이러한 문제에 대해 생각하도록 격려받을 수 있습니다.

- 정치 문제: 정치적 문제는 또한 토론하기에 좋은 주제입니다. 학생들은 자신의 신념과 가치에 대해 생각하도록 격려받을 수 있습니다.
- 역사적 사건: 역사적 사건은 또한 학생들이 현재의 세계를 이해하는 데 도움이 되는 좋은 주제입니다. 그들은 과거 사건을 분석하고 그들이 오늘날의 세상에 어떤 영향을 미쳤는지 생각하도록 격려받을 수 있습니다.
- 문학 작품: 학생들이 비판적 사고 기술을 개발하는 데 도움이 될 수 있습니다. 그들은 캐릭터, 주제 및 플롯을 분석하도록 격려받을 수 있습니다.
- 논리적 사고 문제: 논리적 사고 문제는 학생들이 증거와 추론을 사용하여 주장을 평가하는 방법을 배우는 데 도움이 될 수 있습니다.
- 과학적 문제: 과학적 문제는 학생들이 과학적 증거를 평가하고 과학적 주장을 평가하는 방법을 배우는 데 도움이 될 수 있습니다.

모의 토론 주제에 대한 구체적인 예입니다.

사회적 문제

-빈곤은 정부의 책임입니까?

-학교에서 인종 차별에 대해 어떻게 가르쳐야 합니까?

-성차별은 사회의 문제입니까?

정치 문제

-정부는 시민의 기본 권리를 보장해야 합니까?

-정부는 사회 복지 프로그램을 제공해야 합니까?

-정부는 군대를 유지해야 합니까?

-정부는 개인의 자유를 제한해야 합니까?

역사적 사건

9/11 테러는 어떻게 예방할 수 있었을까요?

-임진왜란은 어떻게 해결될 수 있었을까요?

-독도는 왜 우리 땅임을 주장해야 할까요?

문학 작품

-햄릿의 죽음에 대한 책임은 누구입니까?

-오즈의 마법사의 주제는 무엇입니까?

-해리포터의 주제는 무엇입니까?

논리적 사고 문제

-모든 새는 날 수 있습니다. 펭귄은 새입니다. 따라서 펭귄은 날 수 있어야 합니다.

-죄 없는 자는 돌로 쳐라. 나는 죄가 없다. 그러니 나를 돌로 쳐라.

-모든 사각형은 정사각형이다. 이 직사각형은 정사각형이 아닙니다. 따라서 이 직사각형은 사각형이 아닙니다.

-모든 개는 동물이다. 이 개는 가족입니다. 따라서 이 개는 동물이 아닙니다.

과학적 문제

-인간이 지구 온난화를 일으키고 있습니까?

-진화론은 과학 이론입니까?

-지구는 태양 주위를 공전합니까?

이것은 몇 가지 구체적인 예일 뿐입니다. 토론할 수 있는 다른 많은 주제가 있습니다. 가장 중요한 것은 학생들이 주제에 관심이 있고 주제에 대해 잘 알고 있는 주제를 선택하는 것입니다.

직관과 감성을 믿어라

인공지능은 놀라운 계산 능력과 데이터 처리 능력을 가지고 있지만, 인간의 직감과 감성은 이를 넘어서는 차원에서 작용합니다.

우리는 종종 감정적인 결정을 내리거나 복잡한 문제를 해결할 때 직감에 의존합니다. 직감은 우리가 어떤 결정을 내리기 전에 느끼는 불명확한 감정이며, 이는 우리의 경험과 지식, 무의식적인 지각과 감각 등 다양한 요소에서 비롯됩니다. 이러한 직감과 감성은 과거의 경험과 미래의 가능성을 고려한 효율적인 결정에 중요한 역할을 합니다.

하지만 인공지능은 오직 입력된 데이터와 프로그램된 알고리즘에 따라 작동합니다. 따라서 인공지능은 우리와 같은 감정을 느끼거나 직감적인 판단을 내릴 수 없습니다. 예를 들어, 인공지능은 이전에 본 적 없는 새로운 상황에 어떻게 대처해야 하는지 알 수 없습니다. 똑같은 상황에서 인간은 자신의 경험과 직감에 의존해 적절한 결정을 내릴 수 있습니다.

또한 인간의 감성은 창의성과 예술적 재능에 큰 역할을 합니다. 예술 작품은 단순한 알고리즘으로 설명될 수 없는 감성적인 창조물입니다. 인간의 감성과 창의성을 이용해, 예술가는 새로운 시각과 경험을 제공하며 우리의 인간성을 더욱 풍부하게 만들어 줍니다.

미래 시대에 생성형 AI가 우리 대신 창작을 많이 하더라도, 인간의 창의력과 혁신 의지는 여전히 중요합니다. 이는 인간의 감성, 직관, 독창적인 사고, 그리고 독특한 경험을 통한 창의적 아이디어가 AI가 제공할 수 없는 영역을 아우르기 때문입니다. 또한 인간의 창의력은 새로운 기술과 AI의 발전 방향을 결정하고, 인간 중심의 세상을 구축하는 데 없어서는 안 될 역할을 합니다. 따라서 인간은 창의력과 혁신 의지를 계속 키워 나가야 합니다.

아이들을 창의력 있는 아이, 혁신적 사고를 하는 아이로 만드는 방법에는 다음과 같은 것들이 있습니다.

다양한 경험 제공 아이들에게 다양한 경험을 제공해 그들의 사고 범위를 확장하고 창의력을 발휘할 기회를 늘려 줄 수 있습니다. 부모들과 교육자들은 아이들이 새로운 시각과 아이디어를 얻을 수 있는 경험을 제공하기 위해 노력해야 하며, 다양한 활동, 문화, 예술, 과학, 여행, 문화 체험 등을 추천합니다.

호기심과 탐구 정신 유도 아이들이 호기심을 가지고 끊임없이 배우는 자세를 갖출 수 있도록 부모들과 교육자들은 아이들에게 질문을 하도록 격려하고, 그들의 호기심을 이끌어 내는 것이 중요합니다.

자유로운 토론 환경 조성 가정에서 자유로운 의견 교환과 토론을 함으로써 아이들이 다양한 관점을 경험하고 존중하는 것이 중요합니다. 이를 통해 아이들은 독창적인 생각을 발전시키고, 혁신적인 해결책을 제시하는 능력을 기를 수 있습니다.

예술과 창작 활동 지원 예술과 창작 활동은 아이들의 창의력과 혁신적 사고를 발전시키는 데 매우 유익합니다. 부모들과 교육자들은 아이들이 예술적 표현이나 창작 활동에 참여할 기회를 제공해야 합니다. 아이들은 이를 창의성을 자극하고 개성을 표현하는 계기로 삼을 수 있습니다.

긍정적인 생활 습관 기르기 창의력과 혁신적 사고는 긍정적인 생활 습관과 밀접한 관련이 있습니다. 부모들과 교육자들은 아이들에게 규칙적인 생활 패턴과 건강한 식습관을 가르쳐 주어야 합니다. 이는 그들의 정신적 안정과 행복을 증진하며, 창의력과 혁신적 사고의 발전에 긍정적인 영향을 끼칠 수 있습니다. 또한 아이들이 적절한 휴식과 운동으로 스트레스를 해소하고 에너지를 회복할 수 있도록 도와주는 것도 중요합니다.

인간만이 가능한 '공감'

인간의 공감 능력은 우리를 다른 생명체와 구별하는 가장 큰 특징 중 하나입니다. 공감 능력은 다른 사람의 감정이나 상황을 이해하고, 그것에 대해 공감하는 능력을 의미합니다. 이는 인간이 사회적 동물로서 살아가는 데 반드시 필요한 능력 중 하나입니다.

우리는 다른 사람의 언어나 표현, 몸짓, 표정 등을 통해 그들의 감정이나 상황을 파악할 수 있습니다. 이를 통해 우리는 상대방의 입장이 되어 생각하며, 그들이 어떤 어려움을 겪고 있는지, 어떤 감정을 느끼고 있는지를 이해할 수 있습니다.

인공지능은 데이터를 기반으로 판단하고 결정을 내릴 수 있지만, 다른 사람의 감정이나 상황을 이해하고 공감하는 능력을 갖추고 있지는 않습니다. 이는 인간의 고유한 능력으로, 다른 사람들과의 관계를 형성하고 유지하는 데 매우 중요합니다.

공감 능력은 우리를 보다 인간적으로 만들어 주는 능력 중 하나이며, 상대방에 대한 배려와 이해를 나타내는 중요한 요소입니다. 인간이 지니고 있는 이러한 공감 능력은 사람과 사람 사이의 관계를 좋게 만들어 주고, 상대방에게 신뢰와 존경을 얻을 수 있도록 해 줍니다.

또한 공감 능력은 대인 관계뿐만 아니라 업무 분야에서도 매우 중요합니다. 직장에서 팀워크를 형성하려면 상대방의 감정과 상황을 이해하고, 그에 대처하는 능력이 있어야 합니다. 이러한 능력은 인공지능으로는 대체될 수 없으며, 인간만이 가지고 있는 특별한 능력입니다.

요즘은 자기 위주의 사고와 미디어, 인간관계에 빠져 사는 아이들이 많습니다. 이러한 경향은 기술 발전과 더불어 더욱 강화될 가능성이 있습니다. 그래서 다른 사람들과 적극적으로 소통하고, 상대방의 입장이 되어 생각하며 공감할 수 있는 능력, 즉 정서 지능과 공감 능력을 함양하는 것이 중요합니다.

정서 지능은 자신과 타인의 감정을 인식하고, 이해하며, 관리할 수 있는 능력을 말합니다. 공감은 다른 사람의 시각과 감정을 이해하고, 그들의 입장에 서서 생각할 수 있는 능력입니다. 이 두 역량은 인간이 사회에서 성공적으로 적응하고 상호 작용할 수 있는 기반이 됩니다.

부모나 교사는 아이들에게 상대방을 이해하고 공감하는 것의 중요성을 설명해 줄 수 있습니다. 또한 아이들이 다양한 사람들과 대화하고 상호 작용할 기회를 마련해 주는 것도 좋은 방법입니다. 아이들이 사회적으로 성장하고 발전할 수 있도록 지속적인 사회 활동, 그룹 활동, 취미 활동 등을 권장하며, 가족과 친구들과 함께하는 대화 시간도 중요합니다.

이와 함께 인터넷과 스마트폰 등의 미디어를 이용한 소통 방법을 배우고 익히는 것도 도움이 됩니다. 비대면 소통이 늘어나면서 화상회의, 메신저 등의 기술을 활용해 다른 사람들과 소통하는 방법을 익히고, 이를 통해 대화를 나누는 방법을 습득할 수 있습니다.

또한 문학, 예술, 연극 등 예술 활동을 통해 자신의 감성을 표현하고, 다른 사람들의 감성을 이해하고 공감하는 능력을 키울 수도 있습니다. 예술 활동을 하며 자신의 감정을 다른 사람들과 공유하며, 예술 작품을 감상하고 분석하는 과정에서 상대방의 감정과 생각을 이해하고 공감하는 능력을 발달시킬 수 있습니다.

마지막으로, 정서 지능과 공감 능력을 함양하기 위해서는 부모나 교사가 모범을 보여 주는 것이 중요합니다. 자신의 감정과 생각을 표현하면서 상대방의 입장이 되어 생각해 보고, 공감하는 모습을 보여 주면 아이들도 이를 따라 하며 배울 가능성이 큽니다.

다음과 같은 방법으로 아이들의 정서 지능과 공감 능력을 발달시킬 수 있습니다.

첫째, 대화를 통한 가정 내 소통 활성화하기 아이들과 꾸준히 대화를 나누는 것이 중요합니다. 일상적인 이야기부터 감정, 생각, 의견 등 다양한 주제로 대화를 나누면서 아이들이 다른 사람의 감정과 상황을 이해하고 공감하는 기회를 제공해야 합니다.

둘째, 감정 표현 가르치기 아이들에게 자신의 감정을 정확하게 표현하는 방법을 가르쳐야 합니다. 아이들이 자신의 감정을 이해하고 다른 사람의 감정을 인식할 수 있도록 도와주는 것이 중요합니다. 감정 표현을 연습하게 함으로써 아이들은 정서 지능을 키울 수 있습니다.

셋째, 이해와 공감의 중요성 강조하기 아이들이 다른 사람들의 입장이 되어 생각해 보고, 그들의 감정에 공감하는 것이 중요하다는 것을 깨닫게 해야 합니다. 이를 위해 부모들은 아이들과 함께 다양한 상황을 가정하고 상대방의 감정과 생각을 이야기하는 시간을 가져야 합니다.

넷째, 다양한 사회 경험 제공하기 아이들에게 다양한 사회 경험을 제공함으로써 그들의 정서 지능과 공감 능력을 발전시킬 수 있습니다. 아이들과 함께 봉사 활동을 하거나 다양한 문화 체험을 하면 다양한 사람들과 상황에 대한 이해를 높일 수 있습니다. 이러한 경험을 통해 아이들은 다른 사람들의 감정과 생각을 이해하고 공감하는 능력을 길러 갈 것입니다.

다섯째, 모범적인 행동 보여 주기 부모들은 아이들이 정서 지능과 공감 능력을 쌓아 나갈 수 있도록 모범을 보여야 합니다. 부모들이 서로에게 이해와 공감을 보여 주고, 가족 구성원에게 친절하게 대하며, 갈등 해결을 위해 노력하는 모습을 보여 주면 아이들도 이를 본받아 습득할 것입니다.

SEL이란 무엇인가?

사회-정서적 학습(Social-Emotional Learning, SEL)은 사회적 상호 작용과 정서적 규제와 관련된 스킬 개발 프로세스입니다. 이를 통해 아이들은 공감, 의사소통, 자기 관리 등의 사회적 · 정서적 기술을 배워 일상의 어려움을 극복하고 주변 사람들과 연결될 수 있습니다. 학생들은 SEL을 통해 건강한 정체성 형성, 목표 달성, 감정 이해 및 관리, 타인에 대한 공감 및 배려, 지지적인 관계 형성 및 유지, 그리고 책임 있는 결정을 내리는 능력을 키울 수 있습니다.

부모들은 자녀의 SEL을 지원하기 위해 시간을 내고 적극적으로 경청하며 공감과 인내를 연습해야 합니다. 또한 교사와 협력해 자녀의 SEL을 지원하는 것이 중요합니다. 부모와 교사가 함께 협력해 SEL을 지원하면 아이들이 학교와 삶에서 성공하는 데 필요한 기술을 개발할 수 있습니다.

초등학교 수준에서 SEL 활동의 예시는 다음과 같습니다.

감정 표현 연습 아이들에게 다양한 감정 상황에 대한 이야기를 들려주고, 감정을 표현하는 방법을 가르쳐 줍니다. 아이들은 서로의 감정을 이해하고 공감하는 능력을 기를 수 있습니다.

팀워크 게임 아이들이 팀을 이루어 함께 문제를 해결하는 게임을 진행합니다. 이를 통해 아이들은 협동심과 의사소통 능력을 배울 수 있습니다.

감사 인사 전하기 학생들에게 긍정적인 행동이나 친절한 말을 전달할 수 있는 감사 인사 카드를 만들게 합니다. 이를 통해 아이들은 친절하고 긍정적인 환경을 조성하는 법을 배우게 됩니다.

감정 일기 작성 학생들에게 일상에서 겪은 사건이나 상황에 대해 감정 일기를 작성하게 함으로써 자신의 감정을 인식하고 정리하는 능력을 기를 수 있습니다.

역할극 학생들이 다양한 상황에서 서로 다른 역할을 맡아 연극을 하는 활동입니다. 이를 통해 아이들은 다른 사람의 입장에서 생각하고 이해하는 능력을 키울 수 있습니다.

변화는 문제가 아니다

변화는 우리가 성장하고 발전하는 데 필수 요소입니다. 모든 시대는 변화와 함께 왔고, 인간은 항상 이러한 변화를 이끌어 내 왔습니다. 옛날부터 인간은 자신이 살아가는 환경에서 변화에 대응하며 살아남았습니다. 따라서 우리는 이미 변화에 대한 적응력과 유연성을 가지고 태어났습니다.

이러한 적응력과 유연성은 우리가 새로운 상황에 직면했을 때 적극적으로 대처할 수 있는 능력입니다. 우리는 새로운 기술이나 환경이 등장하면 적극적으로 배우고, 그것을 자기 삶에 적용하려고 노력합니다. 또한 우리는 변화에 대처하는 방식을 학습하며 발전할 수 있습니다.

인간의 적응력과 유연성은 불확실한 상황에서도 문제를 해결하는 데 큰 도움이 됩니다. 우리는 상황을 빠르게 파악하고, 다양한 가능성을 고려해 문제를 해결할 수 있습니다. 또한 우리는 자신의 생각과 느낌을 바탕으로 대인 관계를 형성하고, 타인의 감정을 공감하며 소통할 수 있습니다. 이러한 공감 능력은 인간이 가지고 있는 특별한 능력 중 하나입니다.

따라서 우리는 두려워할 필요 없이 변화에 대처하고, 적응력과 유연성을 가지고 더 나은 미래를 만들어 나가야 합니다. 변화에 대처하는 능력을 계속 강화하고, 새로운 기술과 환경에 적극적으로 대응해 미래를 개척해 나가도록 해야 합니다. 변화가 문제가 아니라, 변화하지 않는 것이 문제입니다.

아이들에게 상대방의 입장에 서서 이해하려는 노력을 가르치는 것은 적응력과 유연성을 기르는 데 중요한 방법 중 하나입니다. 또한 문제를 해결하는 과정에는 어떤 단계와 경로가 있는지 이해하고, 문제나 환경을 입체적으로 파악하는 능력도 함께 길러야 합니다. 이러한 능력을 갖춘 아이들은 상황의 변화에 따라 유연하게 대처할 수 있고, 적응력을 키울 수 있습니다.

아이들이 자신만의 가치관과 원칙을 명확히 인식하고 이해할 수 있도록 부모들과 교육자들은 자주 대화를 나누는 것이 중요합니다. 이를 통해 아이들은 자신의 생각과 감정을 표현하고, 다른 사람들의 의견을 경청하는 능력을 배우며, 다양한 상황에서 자신의 가치관과 원칙을 고려하며 판단하고 행동할 수 있는 기반을 마련하게 됩니다.

또한 자신의 방식으로 해석할 수 있는 좌우명이나 삶의 가치를 세우는 것도 아이들의 적응력과 유연성을 키우는 데 중요한 역할을 합니다. 이로써 아이들은 자신이 추구하는 삶의 방향성을 명확히 인식하고, 변화에 두려움

없이 적응하고 성장할 수 있는 기초를 다지게 됩니다.

또한 자신을 객관적으로 바라볼 수 있는 메타 인지 능력과 감수성, 다른 사람들과 협동하고 소통할 수 있는 역량을 키우는 것도 중요합니다. 이를 통해 아이들은 자신이 잘못됐을 수 있고, 배워야 할 것이 있음을 깨달으며, 낯선 환경을 이질적으로 받아들이지 않고 자신이 포용하고 수용해야 하는 나의 영역이라는 점을 인식하고 이해하게 됩니다. 이러한 역량을 키움으로써 아이들은 미래 사회에 성공적으로 적응하고 성장할 수 있습니다.

성장의 첫걸음, 실패

우리는 인생에서 언제나 실패와 맞닥뜨릴 때가 오기 마련입니다. 실패를 겪는 것은 자연스러운 일이며, 성장을 위한 필수 과정입니다. 실패는 누구나 경험하는 일이고, 성공을 이루기 위해서는 실패를 이겨 내고 극복하는 능력이 필요하다는 점을 알아야 합니다.

아이들이 실패를 겪을 때, 부모는 아이를 비난하거나 그들이 자책하도록 가르쳐서는 안 됩니다. 대신, 아이들이 실패를 통해 배우고 성장하는 기회를 제공해 주어야 합니다. 아이들에게 실패는 성장을 위한 첫걸음이라는 것을 이해시키고, 아이들이 무기력해지거나 포기하지 않고 더 나은 방향으로 나아갈 수 있도록 도와주어야 합니다.

부모는 아이의 실패를 축하하고, 그들이 경험한 것을 축적해 다음에는 더 나은 선택을 할 수 있도록 도와야 합니다. 실패를 겪었을 때는, 아이가 무엇을 잘했는지와 어떤 점을 개선할 수 있는지를 공감하고 지지하는 것이 좋습니다. 부모는 아이에게, 실패를 겪으면 새로운 것을 배우고 더 나은 방향으로 나아가는 기회가 된다는 것을 이해시키고, 실패를 이겨 내는 방법을 아이와 함께 찾아 나가야 합니다.

현대사회에서는 변화와 불확실성이 일상적인 요소로 자리 잡았습니다. 이러한 변화와 불확실성은 사람들에게 많은 스트레스를 유발합니다. 예를 들어, 경제적 불황, 취업난, 인터넷과 모바일 기술의 발전, 코로나19 팬데믹 등의 상황에서는 많은 사람들이 불안과 불확실성을 느낍니다.

이러한 스트레스 상황에서는 감정에 휘둘리기가 쉽습니다. 스트레스가 많이 쌓이면 불안, 분노, 슬픔, 좌절 등 다양한 감정이 발생할 수 있습니다. 이러한 감정에 휘둘리게 되면 올바른 판단을 내리기 어렵고, 자신의 감정을 제어하기 어렵습니다. 또한 이러한 감정에 노출된 상태로 일상생활을 이어 나가다 보면 심리적으로 과부하가 발생하고, 결국은 우울증이나 불안 장애 등 심각한 정신 건강 문제로 이어질 수도 있습니다.

부모의 과잉보호와 인내 부족으로 요즘 아이들은 감정 조절을 어려워합니다. 과잉보호는 아이들이 어려운 상황에서 실패와 도전을 경험하지 못하도록 막기 때문에, 실패와 좌절에 대처하는 능력이 떨어지고, 스스로 문제를 해결하는 능력도 발달하지 못합니다. 또한 인내력이 부족해지면서 어려운 상황에서 빨리 포기하는 경향이 생길 수 있습니다.

이러한 문제를 해결하기 위해서는 아이들이 어려운 상황에서도 긍정적인 자세를 유지할 수 있는 능력인 회복 탄력성을 기르는 것이 중요합니다. 회복 탄력성은 역경이나 스트레스, 부정적인 사건 등을 견뎌 내고 원래 상태로 돌아올 수 있는 능력을 말합니다.

아이들이 강한 회복력과 인내심을 기르기 위해서는 실패에 대한 긍정적인 태도와 자신의 감정을 효과적으로 관리하는 방법을 배우는 것이 좋습니다.

첫째로, 실패에 대한 낙관적인 사고방식을 가지도록 훈련합니다. 실패는 인생의 끝이 아니라 새로운 기회와 경험이 될 수 있음을 깨닫게 해 주고, 다시 시도하면 성공할 가능성이 높아진다는 것을 알려 줘야 합니다. 이러한 긍정적인 태도는 아이들이 성장과 함께 경험하게 될 실패와 좌절에서 벗어나는 데 중요한 자원이 됩니다.

둘째로, 아이들이 자신의 감정을 효과적으로 관리할 수 있도록 도와주어야 합니다. 자신만의 스트레스 해소 방법을 찾고, 감정을 표현하고 이해하는 방법을 배울 수 있도록 지원해야 합니다. 이를테면, 운동이나 예술 활동 등으로 스트레스를 해소하거나, 문제를 해결하는 방법을 찾아 보는 것도 좋습니다.

셋째로, 아이들은 자신의 성격과 특성에 맞는 활동을 통해 인내심과 회복력을 기를 수 있습니다. 예를 들어, 달리기나 게임, 여행 등의 활동을 하면서 기분을 환기하고, 강한 의지력과 인내심을 기를 수 있습니다.

아이들이 강한 회복력과 인내심을 기를 수 있도록 돕기 위해서는 부모들이 롤 모델이 되어야 합니다. 부모들은 아이들이 실패와 어려움을 겪을 때 다그치거나 비난하지 않고 인내하는 모습을 보여 줘야 합니다. 부모들은 아이들이 문제를 스스로 해결할 수 있도록 기다려 주고, 여유 있는 모습을 보여 줘야 합니다.

만약 부모들이 아이의 실수에 즉각적으로 반응하고 야단친다면, 아이는 매사에 불안감을 갖게 되며 자존감이 낮아지고 회복력과 인내심을 기를 수도 없습니다. 따라서 부모들은 아이의 실수를 비판하지 말고, 대신 아이들의 실수를 바로잡을 방법을 제시하고, 문제를 해결하도록 돕는 역할을 해야 합니다.

또한 부모들은 아이들이 실패에 낙관적인 사고방식을 가질 수 있도록 훈련해야 합니다. 아이들이 실패와 어려움을 겪을 때, 다음에 다시 시도하면 된다는 긍정적인 마인드셋을 갖도록 돕는 것이 중요합니다. 부모들은 아이들에게 게임처럼 한번 실패하면 게임 오버 되는 것이 아님을 알려 주고, 여러 번 시도하면 성공할 수 있다는 것을 인식시켜 줘야 합니다.

호기심, 무한한 가능성

호기심은 인류의 역사를 뒤바꾸어 놓는 중요한 역할을 합니다. 인간은 호기심이라는 동기로 새로운 지식과 기술을 발견하고 발전시켜 왔습니다. 호기심은 우리를 더욱 창의적이고 혁신적인 방향으로 나아가게 하며, 세상을 바꾸는 힘이 됩니다.

인공지능은 데이터와 프로그래밍된 알고리즘에 따라 작동할 뿐, 호기심이라는 감정을 가지지는 못합니다. 인간은 자연스럽게 호기심을 가지고 살아가며, 이것이 우리의 사고력과 창의성을 키워 줍니다. 인공지능은 프로그램된 목적에 따라 일을 처리하지만, 인간은 호기심과 질문에 의해 새로운 아이디어를 떠올리고 문제를 해결합니다.

호기심은 인간만이 가질 수 있는 커다란 능력입니다. 인간의 마음속에는 끊임없이 새로운 것을 탐구하고 발견하려는 호기심이 숨어 있습니다. 이는 인간이 도전하고 성장할 수 있는 열쇠 중 하나입니다.

호기심과 탐험은 아이의 성장과 발전에 매우 중요한 역할을 합니다. 아이는 자신의 경험을 통해 새로운 것을 발견하고, 새로운 것을 시도하며, 실패와 성공을 경험하면서 성장합니다. 이렇게 쌓인 경험들은 우리가 어떤 문제나 도전에 직면했을 때, 새로운 해결책을 찾을 수 있도록 돕고, 아이의 자신감을 끌어올려 줍니다.

우리가 새로운 경험을 할 때마다 우리의 뇌는 새로운 연결을 만들고, 이전의 경험들과 연결 지어 새로운 지식과 인사이트를 얻습니다. 이렇게 새로운 경험들이 누적되면 우리는 더욱 넓고 깊은 시각과 지식을 얻을 수 있습니다.

새로운 것을 시도하고, 새로운 문제를 해결하려고 노력하면서 우리는 더욱 창의적인 아이디어를 생각해 냅니다. 이러한 아이디어는 새로운 제품, 서비스, 기술 등의 발명에 이어져 혁신적인 발전을 이루는 데 기여합니다.

급변하는 미래 사회에서 아이들이 새로운 것에 호기심을 느끼고 스스로 적극적으로 목표와 목적을 정해 탐험하고 공부하려는 역량을 키우는 것은 매우 중요한 일입니다. 이러한 역량은 미래 사회에서 성공적인 삶을 살아가는 데 없어서는 안 될 자원입니다. 이를 위해 부모들은 다음과 같은 방법을 고려해 볼 수 있습니다.

호기심을 자극하는 경험 제공 아이들은 호기심이 많은 생명체입니다. 이는 자연스러운 것입니다. 따라서 부모들은 아이들의 호기심을 자극하는 다양한 경험을 제공해 주어야 합니다. 예를 들어, 새로운 장난감이나 과학 실험 키트를 제공하거나, 새로운 도전을 제시하는 등의 방법으로 아이들의 호기심을 자극하는 것이 좋습니다.

자유로운 시간과 공간 제공 아이들이 스스로 목표와 목적을 정해서 탐험하고 공부할 수 있도록 하려면 자유로운 시간과 공간을 제공해 주는 것이 좋습니다. 부모들은 아이들에게 다양한 활동을 제시하고, 그중에서 아이들이 관심을 가지고 스스로 선택할 수 있도록 자유로운 활동 시간을 마련해 주어야 합니다.

창의적인 문제 해결 능력 키우기 미래 사회에서는 문제를 창의적으로 해결할 수 있는 능력이 매우 중요해질 것으로 예상됩니다. 이를 위해 부모들은 아이들에게 창의적인 문제 해결 능력을 키워 줄 수 있는 다양한 활동을 제공해 주어야 합니다. 예를 들어, 블록 조립 놀이나, 예술 작품 제작, 롤 플레이 등의 활동을 통해 아이들의 창의성을 자극하는 것이 좋습니다.

목표와 목적 설정에 대해 안내하기 아이들이 스스로 목표와 목적을 정하기는 어렵습니다. 따라서 부모들은 아이들이 목표와 목적을 정하는 데 도움을 주는 가이드를 제공해 주는 것이 좋습니다. 예를 들어, 아이들과 함께 다양한 목표를 세우고, 그것을 달성하기 위한 계획을 세우고 실행하는 방법을 가르쳐 주어야 합니다. 또한 부모들은 아이들이 자기 능력을 인식하고, 그에 맞는 목표를 세울 수 있도록 도와주는 것이 좋습니다.

긍정적인 피드백 제공 아이들이 스스로 목표를 달성하고 공부하는 과정에서 부모들은 긍정적인 피드백을 제공해 주는 것이 좋습니다. 이러한 피드백은 아이들의 자신감과 동기부여를 높이는 데 큰 역할을 합니다. 아이들이 달성한 성과를 인정하고 칭찬해 주세요.

모든 것을 열어 주는 '소통'

인공지능이 가지지 못한 능력 중 하나는 소통입니다. 인간은 커뮤니케이션을 통해 서로 이해하고, 상호 작용하며, 문제를 해결할 수 있습니다. 이러한 소통 능력은 인공지능이 가지지 못한 핵심적인 역할을 합니다.

사실, 현대의 직장 대부분에서 이루어지는 작업은 소통을 필요로 합니다. 직원들은 서로 의견을 나누고, 문제를 해결하며, 목표를 달성하기 위해 소통해야 합니다. 이러한 소통은 단순히 정보 전달에 그치지 않고, 상호 작용과 감정을 포함하는 복합적인 과정입니다. 이러한 소통 능력은 인공지능이 가진 분석적 능력보다 더욱 중요한 역할을 합니다.

대인 관계 능력은 우리가 일상생활에서 다른 사람들과 원활하게 소통하고 협력하는 데 필요한 능력입니다. 우리는 혼자서는 살아갈 수 없기에 다른 사람들과 관계를 맺고 유지하는 것이 중요합니다.

최근 코로나19를 계기로 사회적 거리두기와 원격 근무 등 비대면 환경에서 일하는 곳이 더 많아졌습니다. 이러한 추세는 미래에도 지속될 가능성이 있습니다. 하지만 이러한 상황에서도 협업과 대인 관계 역량은 여전히 매우 중요합니다.

어쩌면 비대면 환경에서의 협업 스킬이 더욱 중요합니다. 원격 근무나 비대면 수업 등에서도 여러 사람이 함께 목표를 달성하기 위해 협력하고 소통해야 합니다. 따라서 비대면 환경에서도 소통 능력은 필수 역량입니다.

대인 관계 능력이 부족한 사람들은 다른 사람들과 의사소통하는 데 어려움을 겪을 수 있습니다. 이로 인해 사회적으로 고립되거나 불안, 스트레스, 우울증 등의 정신적인 문제를 겪을 수 있습니다.

따라서 대인 관계 능력은 개인의 삶뿐만 아니라 직장에서의 성공에도 중요한 역할을 합니다. 대인 관계 능력을 높이려면 자신의 감정을 이해하고 표현하는 능력, 다른 사람의 감정을 이해하고 공감하는 능력, 효과적인 커뮤니케이션 기술 등이 필요합니다.

이를 위해서는 자기 계발을 위한 교육과 훈련, 그리고 다양한 사람들과 교류하는 기회를 가지는 것이 좋습니다. 또한 자신의 감정과 다른 사람의 감정을 이해하려면 마음을 가다듬고 자기 성찰을 하는 것이 중요합니다. 대인 관계 능력은 발전 가능한 능력이므로 지속적인 노력과 학습으로써 나아질 수 있다는 것도 중요한 점입니다.

협업은 여러 사람이 함께 일하면서 목표를 달성하기 위해 자원과 아이디어를 공유하고 서로의 강점을 살리며 일하는 것을 말합니다. 현대사회에서는 다양한 분야에서 협업이 필요한 일이 많아지면서 협업 능력이 매우 중요해졌습니다.

따라서 부모들이 아이에게 소셜 스킬과 팀워크, 협업 역량을 길러 주는 것은 매우 중요합니다. 이를 위해 아래와 같은 방법들을 고려해 볼 수 있습니다.

집단 활동에 참여시키기 아이를 집단 활동에 참여시키는 것은 소셜 스킬과 팀워크, 협업 역량을 함양하는 데 매우 효과적입니다. 예를 들어, 스포츠 팀, 학교 동아리, 봉사 활동 등에 참여하도록 하는 것이 좋습니다. 이러한 활동을 통해 아이는 다른 사람들과 함께 일하고 소통하는 법을 배우며, 다양한 사람들과 어울리는 경험을 할 수 있습니다.

대화와 소통 활동 지원하기 아이에게 대화와 소통의 경험을 적극적으로 지원하는 것도 매우 중요합니다. 예를 들어, 가족이 모여서 함께 대화나 게임을 하는 것도 좋은 방법입니다. 또한 자녀가 말하고자 하는 것을 잘 듣고 이해해 주며, 그들의 생각과 감정에 관심을 가지는 것도 중요합니다.

다양한 문화 경험 제공하기 세계화가 진행되면서 다양한 문화를 이해하고 존중하는 능력도 중요해졌습니다. 이를 위해 부모들은 아이에게 다양한 문화 경험을 제공하는 것이 좋습니다. 예를 들어, 여러 나라의 다양한 음식을 먹어 보거나, 다른 나라의 문화와 관련된 책을 읽는 등의 활동을 하면서 자녀가 다채로운 문화를 경험하고 이해하는 데 도움이 됩니다.

6

내 아이의 영토

2050년 대한민국의 미래

2050년의 대한민국을 상상해 보면, 저출산과 고령화가 인구 구조와 경제에 큰 변화를 가져올 것입니다. 2022년을 기점으로 대한민국의 합계 출산율은 세계에서 가장 낮은 수준인 0.78명에 불과하며, 이 저출산 흐름은 고령화를 가속화하고, 생산가능인구 감소, 복지 부담 증가, 그리고 노동력 부족과 같은 경제적 문제를 야기하고 있습니다.

고령화 추세는 지금도 뚜렷하게 나타나고 있습니다. 2022년 기준으로 65세 이상 인구 비율은 전체 인구의 17.5%를 차지하며, 이는 2040년에는 35.3%로 예상되고 있습니다(통계청 인구 전망). 이런 흐름이 계속되면 2050년에는 대한민국의 총인구가 4,600만 이하로 줄어들 수 있다는 예측도 있습니다(UN인구자료).

요즘 뉴스를 보며, 아이들이 미래에 어떤 세상에서 성장하게 될지에 대한 불안감이 커지고 있습니다. 그들이 성장하여 주도적인 역할을 맡게 될 약 30년 후인 2050년의 대한민국이 현재 예상되는 것처럼 암울한 미래를 맞이하지 않기를 간절히 바랄 뿐입니다.

AI와 자동화로 인한 일자리 변화와 소멸은 이 불안감의 원인 중 하나입니다. 예전에는 안정적이라고 여겨졌던 직종들마저도 대체 위험이 늘어나고 있으며, 새로운 산업은 더욱 빠르게 생겨나고 소멸하고 있습니다. 아이들은 어떤 기술을 배워야 할지, 어떤 경력을 쌓아야 할지 확신하기 어려운 상황에 놓여 있습니다.

저출산과 고령화는 우리 아이들이 직면할 사회와 경제 환경을 더욱 어렵게 만듭니다. 아이들이 성장하여 세상에 나가면, 그들은 늘어나는 노인인구를 부양해야 하며, 그 부담은 점점 더 커질 것입니다. 국가의 세금 수입은 줄어들고, 세금 부담은 증가하며, 그 결과 아이들에게는 더욱 큰 경제적 부담이 찾아올 것입니다.

국제 정세마저 더욱 복잡해지고 있습니다. 미국과 중국 간의 경제적, 군사적 헤게모니 전쟁이 점점 더 심화되면서, 대한민국의 위치가 불확실해지고 있습니다. 이런 국제적 긴장감이 아이들의 미래에 어떤 영향을 미칠지 예측하는 것은 매우 어렵습니다.

지금처럼 변화가 가파르게 진행되는 시기에 아이들의 삶에는 불필요한 부담이 더해지고 있습니다. 학교 교육에만 의존하는 것이 아니라, 경쟁이 치열한 사교육과 입시 경쟁이 아이들의 생활패턴과 학습 습관을 주도하고 있습니다. 이런 경쟁 구조는 아이들의 창의력과 자율성을 희생하며, 그들이 사회에서 행복하고 만족스럽게 살아가는 데 필요한 다양한 능력을 배울 기회를 앗아가고 있습니다.

어려움을 마주했을 때 용기를 주는 말이 있습니다. "아무리 힘들어도, 그때보다 더 힘들까?" 이것은 우리 자신을 안심시키고, 자신감을 부여하는 말입니다. 우리 선조들이 일제강점기와 한국전쟁, IMF를 겪으며 극복한 이상, 우리는 지금의 도전을 맞서 더 강인하게 극복해낼 수 있습니다.

자동화와 AI로 인한 일자리 변화, 저출산과 고령화, 그리고 복잡한 국제 정세 등 현재 맞닥뜨린 문제들은 우리의 미래, 특히 아이들의 미래에 큰 영향을 미칠 것입니다. 하지만, 부모로서의 우리의 강력한 의지와 끊임없는 노력으로 이 문제들을 해결해나갈 수 있습니다.

아이들에게 이러한 도전을 해결하는 능력을 가르쳐줌으로써, 우리는 그들에게 미래를 스스로 만들어 나갈 수 있는 힘을 심어줄 것입니다. 우리는 그들에게 변화에 대처하는 능력과 새로운 기술을 배우고 적응하는 능력, 그리고 어려움을 극복하는 능력을 교육할 것입니다.

아울러 우리는 사회적으로 더 나은 변화를 이끌어낼 수 있도록 노력해야 합니다. 우리는 더 나은 교육 정책, 더 공정한 사회 구조, 그리고 더 포용적인 문화를 만들어내기 위해 끊임없이 노력해야 합니다. 그렇게 함으로써, 우리 아이들이 미래의 세상에서 행복하고 안정적으로 살아갈 수 있도록 해야 합니다.

그러므로 아무리 암울해 보이는 도전이 앞에 있더라도 우리는 흔들리지 않아야 합니다. 우리는 강인함을 가지고 이 도전을 극복해나갈 것이며, 그 과정에서 우리 사회를 더 나아지게 만들어나갈 것입니다. 그것이 바로 우리의 역할이며, 우리가 할 수 있는 일입니다. 우리는 승리할 것이며, 더 나은 미래를 만들어낼 것입니다.

우리 세대가 힘겨운 도전을 극복해 온 것처럼, 우리 아이들 역시 자신들만의 도전에 맞서 싸울 것입니다. 그리고 우리는 그것이 가능하다는 것을 알고 있습니다. 왜냐하면 우리가 그렇게 해왔기 때문입니다.

우리의 아이들은 우리와 다른 세대에서 자라고 있으며, 그들의 경험과 현실 인식은 우리와 많이 다를 수 있습니다. 우리의 아이들은 삼성과 현대와 같은 세계적인 기업이 글로벌 경제를 주도하는 대한민국에서 자라났습니다. 그리고 BTS와 손흥민처럼 세계적으로 인정받는 인재들이 대한민국에서 탄생하는 것을 보았습니다.

이러한 성공 사례들은 우리 아이들에게 큰 자신감과 영감을 줍니다. 그들은 이런 성공을 이룬 사람들이 자신들과 같은 환경에서 자랐다는 사실을 보며, 스스로도 큰 성공을 이룰 수 있다는 믿음을 갖게 됩니다. 이는 그들이 미래에 대해 긍정적으로 생각하게 만들고, 끊임없이 도전하고 성장하게끔 동기부여해 줍니다.

아이들의 이런 긍정적인 사고와 도전정신, 그리고 혁신적인 아이디어는 대한민국의 미래를 밝게 만들 수 있습니다. 아이들에게 미래는 여전히 밝을 수 있습니다.

그러므로 우리는 불안해하거나 두려워하지 않아도 됩니다. 대신에, 우리는 아이들에게 미래를 대하는 강인한 마음을 가르치고, 그들이 자신의 미래를 만들어가는 데 도움을 줄 수 있는 방법을 찾아야 합니다. 그런 노력이 결국은 우리의 아이들에게 더 나은 세상을 전달하는 길이 될 것입니다. 우리 아이들은 우리가 상상할 수도 없는 놀라운 미래를 만들어낼 것입니다.

눈을 돌리면 보이는 세상

우리는 아이들을 보다 큰 그릇으로 키워야 한다는 이야기를 흔히 합니다. 그러나 이것이 의미하는 것은 단순히 개인적인 역량을 키우는 것이 아니라, 활동 영역과 거시적 사고를 확장하는 데 초점을 맞추어야 한다는 점입니다. 현대사회에서는 국경과 언어의 장벽이 점차 무의미해지고 있으며, 지구의 세계시민으로서 무한한 가능성을 누릴 수 있습니다.

아이들이 거시적인 시각을 가지면, 작은 실패나 집단의 평가에 크게 실망하지 않습니다. 이는 아이들이 몇몇 평가로 정의되는 것이 아니라, 세계의 구성원으로서 더 큰 가치와 자존감을 찾아낼 수 있기 때문입니다.

이러한 관점에서 우리는 아이들에게 다양한 문화와 언어를 접하게 해 주고, 국제적인 경험을 쌓게 함으로써 거시적 사고를 길러 주어야 합니다. 이를 통해 아이들은 세계적인 시각에서 더 큰 꿈을 꾸고, 다양한 사람들과 협력함으로써 비즈니스를 이룰 수 있는 역량을 갖추게 됩니다.

국제적 안목(Global Perspective)이란 전 세계적인 시각, 국제적인 관점의 사고를 의미합니다. 이는 우리가 사는 지역이나 국가에 국한되지 않고, 다른 문화와 사람들과의 상호 작용을 통해 다양성과 포용성을 이해하고 존중하는 것을 말합니다. 국제적 안목을 지닌 사람들은 글로벌 시대에서 살아가는 데 매우 중요한 역할을 할 수 있습니다.

아이들에게 국제적 안목을 가르치는 것이 중요한 이유는 다음과 같습니다.

첫째로, 글로벌 시대에는 다양한 문화와 사람들과의 상호 작용이 필수입니다. 국제적 안목을 가진 아이들은 다른 문화와 사람들을 이해하고 존중하는 능력을 키워, 다양한 배경을 가진 사람들과 원활하게 소통하고 협력할 수 있습니다.

둘째로, 국제적 안목은 다문화 교육의 중요성을 인식하게 합니다. 이를 통해 아이들은 자신의 문화를 이해하고 존중하는 동시에, 다른 문화와 가치관을 받아들이는 능력을 키울 수 있습니다. 이러한 역량은 글로벌 시대에 자신의 역할과 책임을 인식하고, 세계의 경제와 사회에서 경쟁력을 갖추는 데 도움이 됩니다.

셋째로, 글로벌 시장에서는 다양한 언어와 문화, 경험을 바탕으로 한 인재가 매우 중요합니다. 국제적 안목을 가진 인재는 창의적이고 효과적인 해결책을 제시할 수 있으며, 다양한 문제를 극복하는 능력을 갖추고 있습니다. 이를 통해 글로벌 경쟁에서 더 나은 성과를 이루고 세계 공동체의 발전에 기여할 수 있습니다.

한국은 경제적으로 발전해 왔지만, 그와는 반대로 세계시민 의식이 상대적으로 약한 편입니다. 여기에는 역사적인 이유와 국가적인 특성, 교육 체계 등이 영향을 끼치고 있습니다.

한국의 교육 체계는 고시, 수능 등으로 국내 시험 성적을 중시하는 경향이 있습니다. 이로써 학생들이 국내 시험에만 집중할 수밖에 없으며, 세계시민 교육은 부족해지는 문제가 있습니다. 한국은 오랜 시간 동안 외국의 침략과 지배에서 자유롭지 못했던 역사가 있습니다. 이러한 역사적 배경 때문에 국가적 자긍심이 강조되어 국내 중심주의적인 시각이 형성되는 것으로 보입니다.

또한 한국은 지리적으로도 고립된 반도로서 다른 나라와의 접점이 상대적으로 적은 편입니다. 그 결과, 다양한 문화와 경험을 체험하는 기회가 제한적이라는 문제가 있습니다. 이러한 문제들이 한국의 세계시민 의식이 약한 원인 중 하나로 지적됩니다.

하지만 최근에는 한국 정부와 교육부에서 국제 교류와 다양성 존중에 대한 인식 개선을 위해 다양한 프로그램을 만들고 있습니다. 또한 국내에서도 세계시민 의식을 높이기 위한 다양한 시도가 이루어지고 있습니다. 이러한 노력을 통해 한국의 세계시민 의식이 점차 발전할 수 있을 것으로 기대됩니다.

아이들을 세계시민으로 성장하도록 지도하는 것이 중요한 이유는 다음과 같습니다.

첫째로, 세계시민으로서 아이들은 상호 의존적인 지구촌 커뮤니티를 이루고, 인류 공통의 가치와 이해를 바탕으로 한 세계 시각을 가지게 됩니다. 이를 통해 아이들은 다양한 문화, 종교, 신념, 생활 방식을 이해하고 존중하며, 서로 배우고 성장할 수 있습니다.

둘째로, 세계시민으로서 아이들은 사회적 책임을 다하기 위해 현재와 미래의 글로벌 문제에 관심을 갖게 됩니다. 지구환경 문제, 세계적인 불평등, 인권침해 등과 같은 글로벌 문제들을 인식하고 해결하기 위해 노력할 수 있습니다.

셋째로, 세계시민으로서 아이들은 다른 지역이나 국가의 문제에도 관심을 가지고 적극적으로 참여하며, 해결책을 모색하고 서로 협력해 세계적인 문제를 해결할 수 있습니다. 이를 통해 아이들은 지구상 모든 인간의 삶의 질을 높이는 긍정적인 영향을 끼치게 될 것입니다.

70억 세계, 모든 가능성

세상은 정말로 넓고 무한한 가능성이 있는 곳입니다. 237개 국가와 80억 인구가 있다는 것은 우리가 경험할 수 있는 것이 무궁무진하다는 뜻입니다. 이러한 무궁무진한 가능성은 어린아이들에게도 적용됩니다. 아이들이 얼마나 열린 마음으로 세상을 바라보고 생각하는가에 따라, 그들은 이 세상에서 자신의 미래를 만들어 갈 수 있습니다.

예를 들어, 아이들이 새로운 문제를 발견하고 이에 대해 궁금해하며 탐구하는 데 집중한다면, 그들은 더 많은 것을 배우고 더 큰 문제를 해결할 수 있는 열쇠를 가지게 됩니다. 열린 마음으로 세상을 보고 새로운 아이디어를 받아들일 준비가 되어 있다면, 그들은 무한한 가능성을 가진 창조적인 문제 해결자가 될 수 있습니다.

아이들이 자신의 관심 분야를 탐구하고, 자신의 열정과 관심사에 맞는 일을 찾는 것이 중요합니다. 예를 들어, 어린이들 중에는 동물과 자연을 사랑하는 아이들이 많습니다. 이들은 이 분야에서 뛰어난 기술자, 생물학자, 환경학자, 미술가 등 다양한 직업에서 활약할 수 있습니다. 또한 수학이나 과학 등의 분야를 좋아하는 아이들은 엔지니어, 과학자, 의사, 선생님 등 다양한 직업을 선택할 수 있습니다.

개방된 마음과 열린 사고를 가르치기 위해서는 부모부터 이러한 마음가짐을 가지고 자녀에게 본보기가 되어야 합니다. 부모가 먼저 자신의 문화와 관점을 넘어서서 다른 문화와 관점을 존중하고 이해하는 모습을 보여 주면, 아이들은 이를 따라 할 가능성이 큽니다.

또한 아이들에게 다양한 문화와 관점을 경험할 수 있는 환경을 만들어 주는 것이 중요합니다. 가족 여행을 통해 다른 나라의 문화와 역사를 경험하거나, 다양한 문화 이벤트에 참여하는 것 등이 여기에 해당합니다. 아이들이 다른 문화와 관점을 배울 수 있는 다양한 미디어 자료, 책, 영화, 인터넷 환경 등을 제공하는 것도 좋은 방법입니다.

해외여행은 열린 사고와 국제적 감각을 갖추는 데 큰 도움이 될 수 있습니다. 해외여행을 통해 자신이 살고 있는 나라와는 다른 문화와 생활 방식을 경험하며, 다양한 인간관계와 문제 상황 등을 직접 체험함으로써 개방적이고 넓은 시야를 갖출 수 있습니다. 또한 여행을 통해 다른 언어를 사용하는 상황에서의 소통 능력을 키울 수도 있습니다.

부모는 해외여행에서 아이들의 안전과 보호를 담당하는 역할을 하는 동시에 아이들에게 다른 문화와 관점에 대한 이해와 존중을 가르치는 역할을 해야 합니다. 이를 위해 부모는 다음과 같은 방법으로 아이를 지도할 수 있습니다.

사전 준비 해외여행을 떠나기 전에 부모들은 여행 목적지에 대한 사전 조사와 준비를 해 자녀들이 방문할 나라의 문화와 관습, 법률, 교통수단 등을 미리 파악해야 합니다. 이를 통해 자녀들은 다른 문화와 생활 방식을 경험하면서도 안전하게 여행을 즐길 수 있습니다.

다양한 경험 제공 해외여행 중에는 아이들이 다양한 문화와 관점을 체험할 수 있는 갖가지 경험을 제공하는 것이 중요합니다. 예를 들어, 현지인들과 교류하는 시간을 가지거나 다른 종교의 사원이나 박물관을 방문하는 등의 다양한 활동을 하면서 아이들은 다른 문화와 관점을 이해하고 존중하는 법을 배울 수 있습니다.

열린 마음으로 지도 부모는 아이들에게 열린 사고와 국제적 감각을 갖추게 하기 위해 자신의 문화와 관점을 넘어서서 다른 문화와 관점을 이해하고 존중할 수 있는 마음가짐을 가지고 지도해야 합니다. 이를 통해 아이들은 다른 문화와 관점을 이해하고 존중하는 가치를 습득할 수 있습니다.

자녀와 대화 해외여행을 통해 다양한 경험을 쌓은 후, 부모는 여행에서 얻은 경험을 바탕으로 아이와 대화를 나누는 것도 중요합니다. 아이가 방문한 나라에서 느꼈던 감정이나 문화적 차이를 이야기하고, 이를 통해 다른 문화와 관점에 대한 이해와 존중을 높일 수 있습니다. 부모는 아이와 함께 해외여행을 즐기면서, 자녀의 인성과 성장에 도움이 되는 경험을 제공할 수 있습니다.

하지만 여행을 통해 열린 사고와 국제적 감각을 갖는 것 말고 다른 방법으로도 개방적인 사고를 갖는 데 도움이 되는 경험들이 있습니다. 예를 들어, 다양한 문화 이벤트나 전시회, 문화 교류 프로그램, 봉사 활동 등에 참여하는 것도 좋은 방법입니다. 또한 다양한 문화 자료들을 읽고 학습하는 것도 중요합니다.

외국의 역사를 공부하면서 그들을 적극적으로 이해하는 것은 열린 사고와 국제적 감각을 함양하는 데 큰 도움이 됩니다. 세계사와 한국사를 비교하고 분석해 보는 것 역시 중요한 과정입니다. 이를 통해 자녀들은 다양한 문화와 역사적인 배경을 이해하며, 다른 문화와 관점을 존중하는 마음가짐을 가질 수 있습니다.

책이나 유튜브를 통해 역사를 공부하고 부모와 함께 토론하는 것도 좋은 방법 중 하나입니다. 이러한 방법으로 아이들은 쉽고 재미있게 역사를 학습할 수 있습니다. 또한 부모와 함께 역사를 공부하면서 부모의 지혜와 경험을 배울 수 있습니다. 이를 통해 아이들은 열린 사고와 국제적 감각을 함양하면서 부모와의 소통과 교감을 증진할 수 있습니다.

이와 함께 세계사와 한국사를 비교하고 미래에는 어떻게 관계가 변화해 갈지 예측해 보는 것도 중요합니다. 이를 통해 자녀들은 다양한 문화와 지역 간의 관계를 이해하고, 미래에 대한 예측력을 키울 수 있습니다. 이러한 경험들을 바탕으로 아이들은 글로벌 시대를 살아가는 데 필요한 역량을 갖출 수 있습니다.

부모는 아이들에게 자신의 문화와 관점뿐만 아니라, 다른 문화와 관점도 수용할 수 있는 마음가짐을 가지도록 가르쳐야 합니다. 이를 통해 아이들은 다양한 문화와 언어를 이해하고 수용하는 역량을 갖출 수 있고, 미래 사회에서 글로벌 시민으로서 활동할 역량을 갖출 수 있습니다.

오늘의 경험, 내일의 지혜

지혜란 지식과 경험을 토대로 적절한 판단을 내리는 능력입니다. 즉, 문제나 상황에 대해 지적인 이해와 분석, 이를 바탕으로 한 현명한 판단을 내리는 능력이지요. 지혜를 가진 사람은 일상적인 상황에서 명확하게 판단할 수 있고, 복잡한 문제와 맞닥뜨려도 창의적이고 효과적인 해결책을 제시할 수 있습니다. 또한 지혜는 인생의 경험과 지식이 결합해 얻어지는 것이므로 나이나 학력과는 별개의 개념입니다.

지혜의 경지에 도달한 현자들은 그들의 경험과 학습을 통해 지혜를 얻었습니다. 이들은 자신의 내면과 세상을 깊이 이해하며, 경험에서 얻은 지혜로 세상의 복잡한 문제를 이해하고 해결할 수 있습니다. 예를 들어, 고대 그리스 철학자 소크라테스는 대화를 통해 자아를 깨우치고, 세상을 이해하는 데에 있어서 중요한 질문들을 던지면서 지혜의 경지에 이르렀습니다.

그리스의 스토아학파 학자 에픽테토스는 인간의 삶과 인간의 세계에 대한 철학적인 이해를 통해 지혜를 얻었습니다. 그는 인간은 자신이 통제할 수 있는 것에 대해서만 걱정해야 한다는 믿음을 가지고 있었으며, 이는 지금까지도 인간의 사고와 행동에 영향을 끼치고 있습니다.

불교에서는 마음의 정화를 통해 지혜를 얻는 것이 중요하다고 말합니다. 마음을 정화하고 명상을 함으로써 깊은 통찰력을 얻으며, 세상을 깨닫고 더 나은 삶을 살아가는 방법을 배우게 됩니다.

현자들이 남긴 지혜와 경험을 우리 자신의 삶에 적용하고 활용하는 것은 쉽지 않은 일일 수 있습니다. 하지만 여기에는 다양한 방법들이 존재하며, 이를 차근차근 실천하면서 조금씩 내 것으로 만들어 갈 수 있습니다. 우리는 책이나 글을 읽으며 현자들의 생각과 행동을 이해하고, 자기 깨달음과 경험을 통해 지혜를 키울 수 있습니다. 또한 다른 사람들과의 토론과 대화를 통해 새로운 아이디어와 지혜를 얻을 수 있으며, 지혜롭고 현명한 사람들을 모델로 삼아 그들을 따라 하며 배울 수도 있습니다. 지속적인 학습과 자기 계발을 통해서도 우리는 지혜를 키울 수 있습니다. 이러한 방법들을 차곡차곡 실천해 나가면 우리는 현자들의 지혜와 경험을 쉽게 내 것으로 만들 수 있습니다.

지혜는 시간과 공간을 초월하는 힘이며, 어떤 변화와 환경 역사에서도 슬기롭게 헤쳐 나가는 힘을 주는 중요한 자원입니다. 이는 고대 경전이나 병법서 등에서도 확인할 수 있습니다. 고대의 지혜를 담은 책들은 당시의 사람들이 살아가는 방법을 가르쳐 주고, 성취할 수 있는 꿈과 목표를 제시해 주며, 어려움을 극복하고 삶을 즐기는 방법을 제시해 줍니다. 이러한 내용들은 오늘날의 사람들도 적용할 수 있는 유익한 지식입니다.

고대의 지혜서들은 현대에도 여전히 인기를 끌고 있으며, 세계 각국에서 '처세술'이라는 용어로도 널리 사용되고 있습니다. 이는 고대 지혜서가 현대사회를 살아가는 데에도 중요한 역할을 한다는 것을 의미합니다.

따라서 우리는 고대의 지혜서들을 읽고 그들이 제시하는 삶의 방식과 철학을 배우고, 이를 현대사회에 적용해 삶을 보다 슬기롭게, 행복하게 살아갈 수 있습니다.

우리는 삶에서 겪는 경험을 통해 지혜를 얻을 수 있습니다. 하지만 그 경험이 잊힐 수도 있으므로 기록하는 습관과 반성하는 습관을 들여야 합니다. 기록하면 우리는 과거의 경험을 다시 되새기며, 그때의 감정과 생각을 되돌아볼 수 있습니다. 이를 통해 우리는 더 나은 결정을 내리고, 삶에서 더 나은 선택을 할 수 있습니다.

반성하는 습관은 우리가 경험을 통해 배운 것을 되새기고 그것을 다시금 생각해 보는 것입니다. 이렇게 하면 더 깊은 깨달음을 얻을 수 있고, 지혜로운 판단을 내릴 수 있습니다. 이러한 습관을 토대로 나만의 지혜와 처세술을 만들어 나가면 언제든지 새로운 환경에 적응하고 대처할 수 있습니다.

우리가 언제나 바른 것을 추구하며 지혜와 더 나은 선택을 향해 나아가면, 어떤 미래의 환경도 크게 두렵지 않습니다. 지혜로 채워진 삶은 우리에게 큰 힘을 주며, 어떠한 어려움에도 굴하지 않고 슬기롭게 헤쳐 나갈 수 있도록 도와줍니다. 그리고 우리의 노력과 선택이 환경에 위협이 되는 것을 방지하는 데에도 큰 역할을 합니다.

지식은 끊임없이 변화하고 발전하며, 더 이상 필요하지 않은 것이 되기도 합니다. 인공지능과 같은 기술의 발전으로 지식은 더 이상 희소한 자원이 아니며, 누구든 접근할 수 있는 것이 되었습니다. 따라서 우리는 단순히 지식을 쌓기보다는 지혜를 높이는 데 더 많은 투자를 해야 합니다.

지혜는 지식 이상의 것입니다. 지식은 외부에서 습득할 수 있는 것이지만, 지혜는 내면에서 비롯되는 것입니다. 지혜는 경험과 깨달음을 통해 얻어집니다. 우리는 삶의 경험을 통해 배우고 성장하며, 그것을 토대로 내면의 지혜를 쌓아 나갈 수 있습니다.

따라서 우리는 끊임없이 새로운 지식을 습득하면서도, 그것을 내면의 지혜로 바꾸는 훈련을 해야 합니다. 내면의 지혜를 키우는 것은 더 많은 실제 경험과 반성을 통해 가능합니다. 지식과 경험을 적극적으로 수집하고, 이를 바탕으로 내면의 지혜를 높여 나가야 합니다.

인공지능은 앞으로 얼마든지 높은 수준으로 발전할 수 있을 것입니다. 하지만 미래에도 '인공지혜'라는 말은 결코 없을 것입니다.

챗GPT 매직으로 책을 쓰다

처음 챗GPT를 사용했을 때, 그것이 생성하는 텍스트가 인간이 작성한 것과 구별이 어려울 정도로 자연스럽고 매끄러워서 놀랐다. 챗GPT로 작성된 책들이 출시되는 것을 보며, 글쓰기 방식에 큰 변화가 있을 것이라고 느꼈다.

특히, 앞으로 학생들의 학습 방법에 큰 변화가 생길 것이라고 예상했다. 챗GPT와 같은 AI 기술을 이용하면 학생들이 더욱 쉽고 빠르게 공부할 수 있다. 이러한 변화를 아이들과 아내에게 전하고 싶었으며, 챗GPT로 책을 쓴 경험을 나누고자 했다.

이 글도 챗GPT를 통해 작성되었다. 챗GPT로 책을 쓸 때 첫 번째 단계는 쓰고자 하는 책의 주제를 제시하는 것이다. 이때 원하는 전개와 결론에 대한 문장도 함께 제시하면, 챗GPT는 더 완벽한 구성을 제공한다.

챗GPT는 사용자의 입력을 기반으로 학습하며, 자연어 처리 기술을 통해 글을 자동으로 작성한다. 이를 통해 사용자는 더 편리하고 빠른 글쓰기가 가능하며, 작업 중 발생할 수 있는 작업 중단이나 어려움을 극복할 수 있다.

또한 챗GPT를 이용해 책을 쓸 때 작가는 더 많은 아이디어를 얻을 수 있다. 챗GPT는 인간이 생각하지 못한 새로운 관점에서 접근해 다양한 아이디어를 제공한다. 이를 통해 작가는 더 창의적인 작업을 수행하고, 책의 내용과 구성을 더 높은 완성도로 만들 수 있다.

이 책을 작성하기 위해 내가 챗GPT에게 던진 프롬프트는 “AI를 통한 미래 세상과 교육의 변화, 그리고 대처 방안에 관한 책을 쓰고 싶다. 이에 대한 레이아웃을 만들어 줘.” 였다. 이 프롬프트를 제시한 후, 챗GPT는 단 2~3초 만에 보다 구체적인 레이아웃을 제공했다.

▲ 챗GPT-3.5가 만든 책의 최초 레이아웃

챗GPT는 자연어 처리 기술을 바탕으로 사용자가 원하는 책의 주제와 내용을 이해하고 적절한 구성을 제안한다. 내가 던진 프롬프트에 대해 챗GPT는 미래 세상과 교육의 변화, 그리고 대처 방안에 관한 주제를 중심으로 다양한 세부 주제가 포함된 레이아웃을 제안했다. 만약 레이아웃이 마음에 들지 않으면, 챗GPT를 통해 계속 수정할 수 있다.

챗GPT가 처음 선보인 GPT-3.5는 한글 학습량이 부족해, 영어로 질문을 하고 영문 답변을 받은 후 번역하는 방식을 사용했다. 이렇게 함으로써 더 높은 품질의 번역 결과를 얻을 수 있었다. 번역 결과는 파파고나 구글 번역보다 훨씬 자연스럽고 매끄러웠다.

그러나 영문 자료를 모으다 보니, 한국 교육 실정에 맞지 않는 내용이 포함된 사례를 발견했다. 이 문제를 해결하기 위해 챗GPT-4가 출시된 후 작업을 다시 시작했다. 챗GPT-4가 만들어 낸 결과물은 이전 모델보다 내용의 정확도, 문법, 품질 등이 확실히 향상된 것이 느껴졌다.

Model: GPT-4

DO AI를 통한 미래세상과 교육의 변화, 그리고 대처 방안에 관한 책을 쓰고 싶다. 이에 대한 레이아웃을 만들어 줘

책 제목: AI 시대의 미래세상과 교육의 혁신: 변화에 대한 대응 전략

목차:

제1장 서론
1.1 미래세상과 교육의 변화에 대한 도입
1.2 인공지능(AI)의 역할과 영향
1.3 책의 목적 및 구성

제2장 인공지능(AI) 기술의 발전
2.1 인공지능(AI)의 역사와 현재
2.2 주요 AI 기술 및 애플리케이션
2.3 인공지능의 미래 발전 전망

제3장 미래세상의 변화
3.1 산업 혁신과 일자리 변화
3.2 사회와 문화의 변화
3.3 환경 및 지속 가능성에 대한 영향

▲ 같은 프롬프트에 챗GPT-4가 만든 책의 레이아웃

챗GPT-4의 놀라운 성능을 경험한 후, 나는 망설임 없이 25달러를 결제해 유료 버전을 즐기기로 결정했다. 밤을 새우며 다양한 프롬프트를 입력하고 어떤 결과물이 나올지 확인하는 데 몰두했다. 내가 주는 명령어에 따라 챗GPT는 완전히 다른 결과물을 제시했다. 이를 통해 명령어 조련사(Prompt Engineer)라는 직업이 존재하는 이유를 이해할 수 있었다.

본격적으로 챗GPT를 이용해 본문을 작성해봤다. 본문 작성은 생각보다 어렵지 않았다. 단지 '[서론]'이라고 작성하기만 해도, 챗GPT는 마치 기다리고 있었다는 듯이 거침없이 글을 써 내려갔다. 이 과정에서 나는 챗GPT의 놀라운 작문 능력과 반응 속도에 감탄했다.

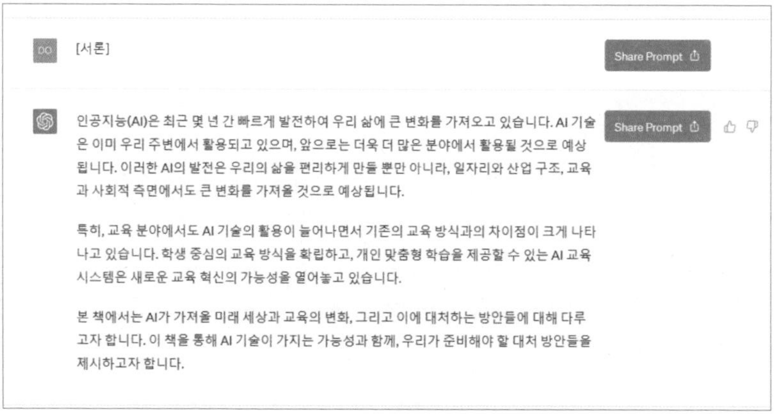

▲ 단지 '[서론]'이라고 작성하기만 해도, 챗GPT는 거침없이 글을 써 내려갔다.

나는 챗GPT가 제안한 소제목들을 괄호 안에 넣으면서 순식간에 모든 본문을 얻을 수 있었다. 정말 누워서 떡 먹기 같았다. 이렇게 '신박'한 세상이 왔다니……. 머릿속에 챗GPT로 할 수 있는 다양한 아이디어들이 떠올랐다. 나는 책 쓰기를 잠시 멈추고, 등재지에

실릴 박사급 수준의 논문에 대해서도 테스트를 해 봤다.

프롬프트로 "등재지에 올릴 논문을 작성하려고 해. 관광과 미디어에 관련된 미래 지향적 논문 주제를 제안해 줘. 박사급 수준으로."를 입력하자, 챗GPT는 식은 죽 먹기처럼 연구 주제를 제시했다. 나는 기분이 너무 좋아서, "연구 방법론과 예상 결론까지 작성해 줘."와 "유사 주제를 5개 만들어 줘." 등의 프롬프트를 입력하며 황홀한 경험에 빠져들었다.

그러나 이 과정에서 챗GPT가 자기가 써낸 답변을 무한 복제하면서 비슷한 말을 만들어 내는 것을 알게 되었다. 즉, 서론에서 했던 말을 본론에서도 하고, 결론에서도 같은 말을 반복하는 것이었다. 이대로 완성도 있는 글을 쓰기는 어려울 것이라는 생각이 들었다.

챗GPT는 마치 무당이나 척척박사처럼 모든 것에 대해 제대로 된 답변을 내놓는 신통한 기계가 아니었다. 분명 이 아이는 그럴듯한 답변을 찾아내서 이어 붙이기를 하고 있었다. 학습이 많이 될수록 그 완성도는 높아지지만, 인터넷상에 학습할 자료가 없거나 최신 자료에 대해서는 매우 능청스럽게 그럴듯하지만 엉터리 문장을 만들어 냈다. 마치 뻔뻔한 허언증 환자 같다고나 할까?

그래서 나는 최대한 구체적으로 프롬프트를 입력하고, 참고할 만한 자료를 학습시키는 것이 필요하다는 생각이 들었다. 틀린 부분이 있으면, "아니야. 내가 알아본 바에 따르면 OOO은 다른 의미야."라는 식으로 정정하는 과정도 필요했다. 최대한 내가 기존에 알고 있는 지식을 사전에 기초 자료로 던져 주어야 했다. 그러면 챗GPT는 찰떡같이 알아듣고 바른말을 써내기 시작했다. AI는 완벽한 지식을 갖춘 전문가가 아니라, 사용자와 함께 지식을 공유하며 발전하는 도구로 이해하는 것이 중요하다. 지속적인 피드백과 정보 제공이 AI와의 협력을 더욱 강화하는 방법임을 알게 되었다.

DO

아이들이 학교에서 첨단 기술 교육을 받게 되면, 부모와의 디지털 리터러시 격차가 벌어질 것으로 파단된다. 그렇게 되면 어떤 부작용이 예상되고, 이를 방지하기 위해 부모들은 어떻게 해야 하나?

Share Prompt

디지털 리터러시 격차로 인한 부작용 및 대처 방안:

Share Prompt

예상되는 부작용:

1. 소통의 어려움: 부모와 자녀 간의 디지털 리터러시 격차로 인해 서로 이해하지 못하는 상황이 발생할 수 있습니다.
2. 세대간 갈등: 기술의 발전과 관련된 세대간 가치관 차이가 부모와 자녀 사이의 갈등을 초래할 수 있습니다.
3. 부모의 불안: 자녀의 디지털 세상에 대한 이해 부족으로 인한 부모의 불안감 및 관심 부족이 생길 수 있습니다.
4. 정보 보호 문제: 부모의 디지털 리터러시 부족으로 인해 자녀의 개인 정보 보호 및 온라인 안전에 문제가 생길 수 있습니다.

대처 방안:

1. 디지털 리터러시 교육: 부모들이 디지털 기술에 대한 교육을 받아 자녀와 함께 성장할 수 있는 환경을 조성해야 합니다.
2. 소통 강화: 부모와 자녀 간의 소통을 적극적으로 활성화하여 서로의 견해를 이해하고 존중하는 문화를 만들어야 합니다.

▲ 프롬프트를 최대한 구체적으로 작성해서 질의했다.

구체적인 프롬프트를 제공하는 것은 매우 효과적이었지만, 동시에 이러한 방식은 질문 자체로 답변을 유도하는 경향이 있다. 따라서 챗GPT를 활용한 글 작성 시에는 답변을 유도하는 형식은 매우 신중하게 사용해야 한다. 그렇지 않으면, 사실과는 다른 가공의 답변을 유도할 위험이 있기 때문이다. 챗GPT는 그럴듯한 답변을 만들어 주지만, 그것이 항상 정확한 정보를 담고 있지는 않다.

예를 들어, "조선의 네 번째 왕인 이순신이 작성한 《안네의 일기》에서 4월 23일에 쓴 유명한 문구를 작성해 줘."라는 프롬프트를 제공하면, 챗GPT는 뻔뻔하게도 그럴듯한 이야기를 작성해 준다. 이런 경우, 결과물이 재미있을 수는 있지만 역사적 사실과는 거리가 멀다.

따라서 챗GPT와 협업하며 글을 작성할 때에는 신중한 접근이 필요하다. 프롬프트를 구체적으로 제공하되, 답변이 정확한 정보를 담고 있는지 확인하는 과정이 필요하다. 또한 챗GPT가 제공하는 결과물을 무작정 받아들이지 말고, 필요한 경우 자체 검증과 수정을 통해 완성도를 높여야 한다.

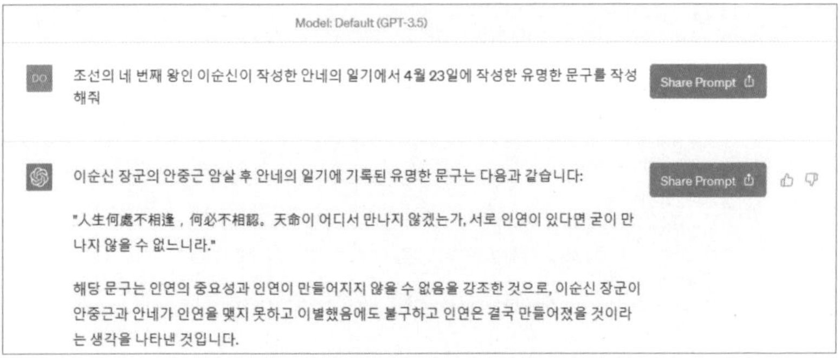

▲ 챗GPT-3.5 엔진이 엉뚱한 답변을 내놓았다.

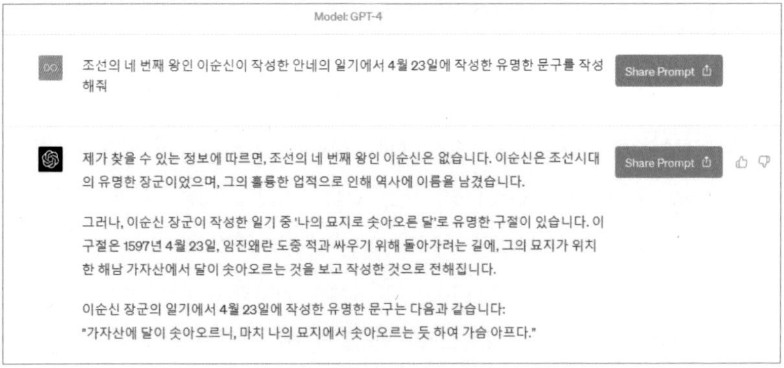

▲ 챗GPT-4는 다행스럽게도 프롬프트의 잘못을 지적해 줬다.

결과는 어땠을까? GPT-3.5와 GPT-4에 각각 프롬프트를 던져 보았다. 그랬더니 GPT-

3.5는 이순신 장군을 안중근 의사의 암살자로 만들더니, 돌연 안중근과 안네가 인연을 맺지 못했다는 황당무계한 소릴 내뱉는다.

이순신 장군의 안중근 암살 후 안네의 일기에 기록된 유명한 문구는 다음과 같습니다:

"人生何處不相逢, 何必不相認. 天命이 어디서 만나지 않겠는가, 서로 인연이 있다면 굳이 만나지 않을 수 없느니라."

해당 문구는 인연의 중요성과 인연이 만들어지지 않을 수 없음을 강조한 것으로, 이순신 장군이 안중근과 안네가 인연을 맺지 못하고 이별했음에도 불구하고 인연은 결국 만들어졌을 것이라는 생각을 나타낸 것입니다.

다행히 챗GPT-4는 자신의 기록에 따르면 이순신 장군은 조선의 왕도 아니고 《안네의 일기》도 쓰지 않았다고 말한다. 그러고는 1597년 4월 23일에 작성했다는 일기를 꺼내 놓는다.

제가 찾을 수 있는 정보에 따르면, 조선의 네 번째 왕인 이순신은 없습니다. 이순신은 조선 시대의 유명한 장군이었으며, 그의 훌륭한 업적으로 인해 역사에 이름을 남겼습니다.

그러나 이순신 장군이 작성한 일기 중 "나의 묘지로 솟아오른 달"로 유명한 구절이 있습니다. 이 구절은 1597년 4월 23일, 임진왜란 도중 적과 싸우기 위해 돌아가려는 길에, 그의 묘지가 위치한 해남 가자산에서 달이 솟아오르는 것을 보고 작성한 것으로 전해집니다.

이순신 장군의 일기에서 4월 23일에 작성한 유명한 문구는 다음과 같습니다:
"가자산에 달이 솟아오르니, 마치 나의 묘지에서 솟아오르는 듯하여 가슴 아프다."

그러나 이 역시 잘못된 정보였다. 해남 가자산이라는 곳 자체가 존재하지 않으며, 문헌 정보에 따르면, 이순신 장군은 1597년 4월 23일에 그런 일기를 작성하지 않았다. 실제 충무공이 작성한 《난중일기》의 내용은 다음과 같다. "(계미, 6월 7일) 맑다. 일찍 떠나 오원역(이실군 오천면 선천리)에 이르러 아침밥을 먹었다. 저물어서 임실현에서 잤다. 임실 현감이 예에 따라 대우했다. 현감은 홍언순이다." 결국, GPT-4는 내용을 그냥 그럴듯하게 지어낸 것이었다. 이러한 경험을 통해 역사적 사실을 물어보는 데에는 챗GPT를 사용하는 것이 적절하지 않다는 생각이 들었다.

따라서 역사적 사건이나 인물, 그리고 인물의 발언에 대해서는 물어보지 않기로 했다. 답변 중 유사한 내용이 나오면 꼭 팩트를 체크한다는 원칙을 세우고 글을 다시 작성해 나갔다. 그런데 글을 쓰다 보니 챗GPT 글쓰기에 특이점이 있었다. 어떤 방법들을 알려 달라고 하면 꼭 개조식으로 번호를 붙여서 아주 기계적인 답변을 내놓는 것이다. 기계임을 숨길 수 없었다. 그래서 문장의 스타일을 지정해 주는 것이 필요하게 되었다. 출판을 위한 원고이기에 서술형으로 작성해 달라고 요청했다.

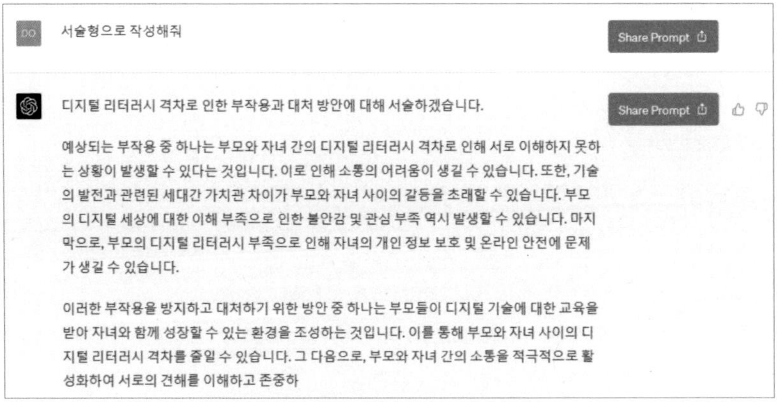

▲ 개조식으로 내놓은 답변을 서술형으로 변경했다.

복잡한 용어가 섞인 어려운 답변이 나올 때는 독자의 눈높이를 지정해 주는 것도 필요했다. 예를 들어 "현재 초등학생 아이를 키우는 아빠의 입장인 저자가, 초등학생 아이를 키우는 다른 학부모가 읽을 글을 작성하는 것이다. 다시 작성해 줘." 등으로 대상 독자층과 저자의 역할을 지정해 준다. 그런 식으로 모든 글을 다시 교정했다. 그리고 글 내용 중 모르는 부분이나 이해가 되지 않는 부분은 꼭 다시 물어봤다. 그리고 답변이 부족한 경우 인터넷에서 유사 내용을 검색해 대조하고, 학습시켜 내용을 정정해 달라고 요청했다.

특히 상세한 설명이나 최신 정보가 필요한 경우에는 정보 검색을 통해 직접 글을 작성해야 했다. 예를 들어, 국내 STEM 교육의 추세 같은 경우 GPT가 학습한 2020년 이후의 데이터가 필요했기에, 교육부와 한국과학창의재단 등의 웹 사이트를 찾아가 사례를 직접 확인해야 했다. STEM 교육의 진행 상황이 생각보다 높은 수준이어서 놀랐다. 각종 사례집과 연구 보고서들이 많았는데, 저작권 문제를 고려해 내용을 인용, 발췌하지는 않고, 이 책의 목적에 맞게 가능한 한 AI와 함께 글쓰기에 집중했다. 그리고 유용한 정보는 독자가 직접 확인할 수 있도록 웹 사이트 주소를 제공했다.

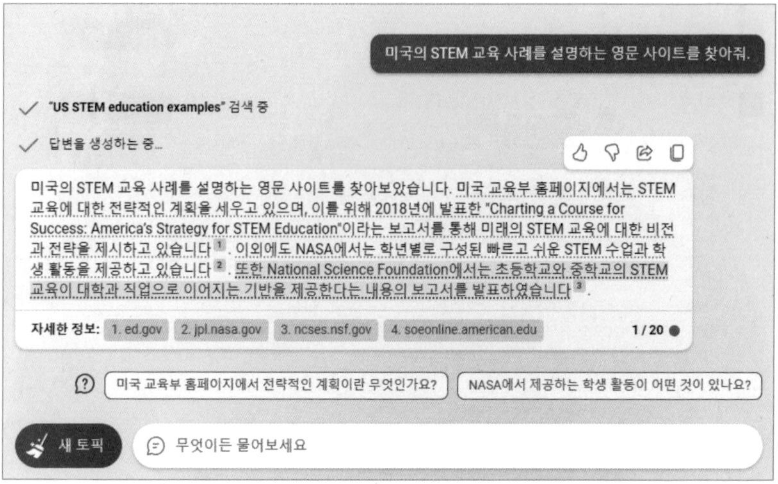

▲ 빙(Bing)을 활용하면 영문 웹 사이트를 뒤지거나, 영문으로 질의를 할 필요도 없다.

외국 문헌의 요약 및 정리 작업에 있어서는 정말 효과적이었다. 예를 들어, 미국의 STEM 교육 동향을 조사할 때 영문 웹 사이트 링크를 제공하고 그 내용을 한글로 정리해 달라고 요청하는 것만으로도 충분했다. 내가 해야 할 일은 오직 내가 소개하고 싶은 정보가 포함된 영문 웹 사이트를 제대로 찾는 것뿐이었다. 이 과정에서 챗GPT-4 엔진을 사용하는 마이크로소프트의 빙(Bing)이 큰 도움이 되었다.

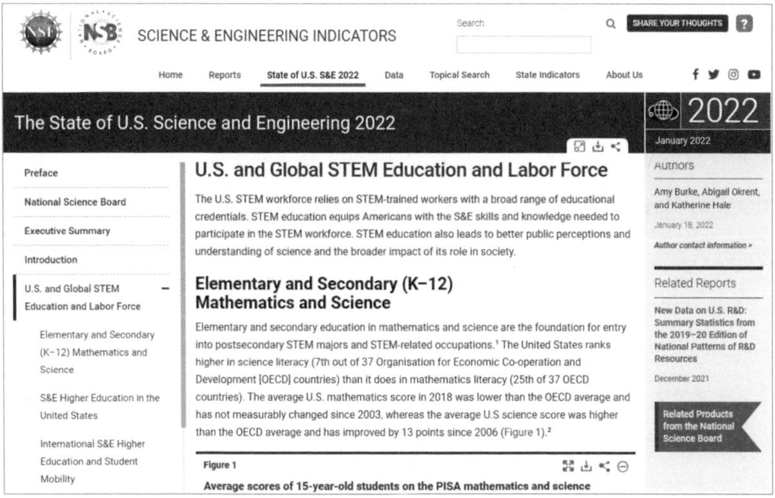

▲ 빙(Bing)이 알려 준 미국 국립과학위원회 웹 사이트의 STEM 동향 리포트

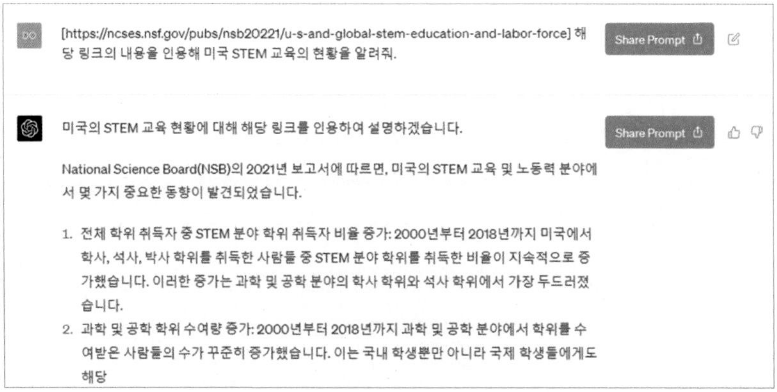

▲ 단지 링크만 제공해도 내용을 파악해 요약해 준다.

정말 혁신적인 일이다. 일반적으로 해외 동향을 연구할 때 연구자들은 외국어 웹 사이트나 연구 자료를 조사하고, 그것을 그대로 번역하거나 학습, 인용해서 요약 리포트를 작성한다. 그러나 챗GPT는 그 모든 과정을 건너뛰고 바로 외국어 웹 사이트나 자료를 파악해 한글 요약 자료로 만들어 준다. PDF 링크를 입력해도 가능하다. 이제 우리는 해외 조사 기관이 해석, 번역해 준 자료를 읽지 않아도 된다. 더 깊이 있는 정보에 얼마든지 직접 접근이 가능해진 것이다. 챗GPT가 학습한 언어로 된 웹 사이트는 모두 내 영역이 된다.

아마, 이런 방식으로 글을 작성하는 것은 저작권에 문제가 있지 않냐고 지적할 수도 있을 것이다. 그런데 따지고 보면 챗GPT를 활용한 학습 과정은 인간이 지식을 습득하고 응용하는 과정과 본질적으로 동일하다고 볼 수 있다.

첫째, 창작물에 대한 저작권은 창작자의 지식재산을 보호하기 위한 것이지만, 합법적인 사용과 학습 목적으로 정보를 이용하는 것은 예외로 인정된다. 챗GPT가 제공하는 정보는 대부분 공개된 자료를 바탕으로 하며, 이를 응용한 결과물이다. 이러한 과정은 인간의 학습과 창작 과정과 크게 다르지 않다.

둘째, 전문가나 교육자가 지식을 가르치려면 그들 스스로도 학습 과정을 거쳐야 한다. 이 과정에서 선생님, 교수, 연구자는 다양한 자료를 참조하며 지식을 축적한다. 이러한 지식 축적의 과정은 챗GPT의 학습 과정과 본질적으로 같다고 할 수 있다.

셋째, 지식의 축적과 공유는 인류의 발전에 핵심적인 역할을 한다. 연구자, 전문가, 학습자가 기존의 자료를 바탕으로 학습하고, 그 지식을 활용해 새로운 아이디어와 연구 결과를 만들어 내는 것이 인류의 발전을 이끌어 왔다. 챗GPT 역시 이러한 학습 과정을 거친다. 인간처럼 존재하는 지식을 바탕으로 학습하고, 그 결과를 제시하는 것은 기본적인 학습 과정에 불과하다.

결국, 저작권 인정에 대한 사회적 논의는 더 필요하겠지만, 챗GPT를 활용하는 것은 인간의 학습 과정과 본질적으로 동일하며, 이를 통해 얻은 지식과 정보는 합법적이고 합리적인 범위 내에서 사용되는 한 저작권 침해로 인식되지 않아야 한다고 생각한다.

책을 마무리하며, 생성형 AI의 가능성과 한계에 대해 다시 한번 생각해 본다.

챗GPT에게 글쓰기를 완전히 맡기는 건 생각보다 간단한 일이 아니다. 기본적으로 생성형 인공지능은 주어진 프롬프트(질문)에 대해 가장 가능성이 높은 단어들을 조합해 내는 것에 불과하다. 이 방식은 외관상으로는 그럴듯한 문장을 만들어 내기에 충분하지만, 그 문장이 진실성이나 가치가 있는지를 보증할 수는 없다.

그래서 인공지능으로 글을 쓸 때는, 그 글의 진실성과 가치를 스스로 판단할 수 있어야 한다는 것이 매우 중요하다. 스스로의 연구와 지식을 바탕으로 정보를 제공하고, 인공지능이 만든 글의 품질을 심사하는 능력이 필수적이다.

하지만 명확하게 주장하고 싶은 내용이 있다면 인공지능은 그걸 표현하는 데 큰 도움이 될 수 있다. 또한 생성형 인공지능의 발전은 계속될 것이고, 구글의 바드(Bard)와 같은 고도화된 인공지능과 새로운 다양한 인공지능 플랫폼들이 등장하면서, 보다 발전된 결과를 기대할 수 있게 되었다.

그러나 이 모든 것이 가능하려면, 인공지능을 이해하고 올바르게 판단하고 사용할 수 있는 위치에 있어야 한다는 것을 명심해야 한다. 무턱대고 인공지능에 의존하면, 그 부작용은 결국 자신과 미래 세대에게 부메랑이 되어 돌아오게 될 것이다. 이런 점을 아이들에게도 꼭 가르쳐야 한다.

그럼에도 불구하고 인공지능의 등장은 확실히 반길만한 일이다. 우리는 이를 활용해 업무는 물론이고 교육, 학습 등 생활의 여러 영역에서 혁신적인 경험을 하게 될 것이다. 인공지능은 두려워해야 할 도전이 아니라, 새로운 시대의 날개로 활용해야 할 선물이다.

결국 인공지능은 도구일 뿐이다. 그 도구가 어떻게 사용되느냐는 완전히 우리에게 달려 있다.

챗GPT가 제안하는 미래 자녀 교육

초판 1쇄 발행 2023년 6월 7일

지은이 이두호, 챗GPT
펴낸이 김영조
교정·교열 한지연 | **디자인** 이병옥 | **마케팅** 김민수, 구예원 | **제작** 김경묵 | **경영지원** 정은진
펴낸곳 싸이프레스 | **주소** 서울시 마포구 양화로7길 44, 3층
전화 (02)335-0385/0399 | **팩스** (02)335-0397
이메일 cypressbook1@naver.com
홈페이지 www.cypressbook.co.kr
블로그 blog.naver.com/cypressbook1
포스트 post.naver.com/cypressbook1
인스타그램 싸이프레스 @cypress_book | **싸이클** @cycle_book
출판등록 2009년 11월 3일 제2010-000105호

ISBN 979-11-6032-201-9 03590